广东建设职业技术学院赵鹏飞院长
指导现代学徒制试点运行情况

广西壮族自治区教育厅现代学徒制试点工作调研专家组
莅临广西建设职业技术学院指导工作

广西建设职业技术学院领导汇报
现代学徒制试点工作情况

现代学徒制校企合作签约与揭牌仪式

现代学徒制工作组研讨家具艺术设计
专业人才培养方案和教学标准

现代学徒制家具艺术设计专业课程体系构建
校企专家研讨会

现代学徒制高级技师聘任仪式

现代学徒制企业导师聘任仪式

现代学徒制师徒签约仪式

广西建设职业技术学院赴企业调研访谈和挂牌仪式

现代学徒制家具艺术设计专业赴顺德职业技术
学院交流访谈

现代学徒制家具艺术设计专业师生赴企业交流访谈

现代学徒制的探索与实践

家具艺术设计专业（高职）
教学标准和课程标准

主　编

吴　昆
李明炅

副主编

陆剑鸣
黄君君

中国建筑工业出版社

图书在版编目（CIP）数据

现代学徒制的探索与实践：家具艺术设计专业（高职）教学标准和课程标准/吴昆，李明炅主编. —北京：中国建筑工业出版社，2021.4

ISBN 978-7-112-26055-3

Ⅰ.①现… Ⅱ.①吴… ②李… Ⅲ.①家具－设计－高等职业教育－教学参考资料 Ⅳ.①TS664.01

中国版本图书馆CIP数据核字（2021）第063590号

责任编辑：杨 晓 吴 绫
责任校对：王 烨

2015年8月5日教育部办公厅公布了165家首批现代学徒制试点单位，广西建设职业技术学院家具艺术设计专业被列为现代学徒制试点专业。经过几年的实践和探索，在校企联合招生、人才培养模式改革，以及课程体系、教学管理和考评机制的构建方面积累了丰富经验。

本书总结了校企"双元培养"现代学徒制的运行机制和实施方法，整理并归纳现代学徒制家具艺术设计专业教学标准，校企双主体共建的"厂中校"教学模式下的13门核心课程标准，"校中厂"教学模式下的以专业基础素养模块、岗位技能模块和岗位拓展模块为主体的14门课程标准，以及现代学徒制试点中的各项过程性文件、政策文件等，为我国职业教育全面深化改革，现代学徒制的全面推进和推广提供理论支撑和经验借鉴。适于学徒制试点单位及家具设计等相关专业师生参考阅读。

现代学徒制的探索与实践

家具艺术设计专业（高职）教学标准和课程标准

主 编 吴 昆 李明炅

副主编 陆剑鸣 黄君君

*

中国建筑工业出版社出版、发行（北京海淀三里河路9号）

各地新华书店、建筑书店经销

北京锋尚制版有限公司制版

北京建筑工业印刷厂印刷

*

开本：787毫米×1092毫米 1/16 印张：14½ 插页：1 字数：323千字

2021年4月第一版 2021年4月第一次印刷

定价：65.00元

ISBN 978-7-112-26055-3

（37101）

编委会

序
一

　　我国的现代学徒制是借鉴发达国家职业教育经验，结合我国国情，在职业教育领域开展的一项重大改革试点。大力发展现代学徒制，也是国家人力资源开发的重要战略布局。2014 年国务院印发《关于加快发展现代职业教育的决定》，明确提出："开展校企联合招生、联合培养的现代学徒制试点，完善支持政策，推进校企一体化育人"。按照国务院部署安排，教育部印发指导意见和实施方案，自 2015 年起分三批遴选了 558 家单位开始进行现代学徒制试点，包括地市、企业、行业及院校等多种类型，覆盖 1480 多个专业点，9 万余名学生学徒直接受益。各试点地区及单位立足当地的产业结构及地域特点，在部分重要领域和关键环节上取得了重大突破，探索形成了一批对接不同产业的、可复制可推广的典型案例，为下一步全面推广应用奠定了坚实的基础。

　　2019 年国务院印发了《国家职业教育改革实施方案》，为推动新时代职业教育发展设计了路线图。教育部印发《关于全面推进现代学徒制工作的通知》，要求"总结现代学徒制试点成功经验和典型案例，在国家重大战略和区域支柱产业等相关专业，全面推广政府引导、行业参与、社会支持、企业和职业学校双主体育人的中国特色现代学徒制"。现代学徒制体现了职业教育作为一种教育类型的重要特征，突出产教融合、校企合作，实现了双元育人、双重身份，有力推动了学校招生和企业招工的衔接；坚持交互训教、工学交替，实现了岗位培养、在岗成才，有力推动了职业教育和培训体系的完善。探索与实践表明，现代学徒制能够全面提升技术技能人才的培养能力和水平。

　　广西建设职业技术学院是首批入选的全国现代学徒制试点单位。第一批试点单位在试点过程中面临着很多难题，比如社会对现代学徒制的认识不清晰，缺乏相应的制度保障，没有校企合作的协调管理机制和机构，教学内容与课程开发偏离现代学徒制内涵等。广西建设职业技术学院通过积极的学习借鉴，克服诸多困难，不断创新实践，在探索中积累经验，提高了专业能力和管理水平，改进了课程的内容和实施方式，从而有效地提高了现代学徒制人才培养的质量。其与广东碧桂园现代筑美家居有限公司、广西华蓝建筑装饰工程有限公司联合培养的家具艺术设计专业成了职业院校与企业合作双主体育人的成功案例。他们进行的"招生即招工"试点探索出"校中厂""厂中校"的现代学徒制新模式，工学结合的教学改革、专业教学标准研制和强化第三方考核评价等多方面的实践探索，取得了良好成果，具有很好的借鉴意义。

试点是改革的重要任务，更是改革的重要方法。当前，现代学徒制进入全面推进和推广阶段，成为我国职业教育全面深化改革、推进改革的重要支撑，要进一步落实《国家职业教育改革实施方案》和"双高计划"要求，深度推进产教融合、推进校企双主体育人，全力打造校企命运共同体，为产业转型升级和创新发展提供了高素质技术技能人才支持。

全国现代学徒制工作专家指导委员会主任委员

广东建设职业技术学院院长

博士、教授

前言

现代学徒制，是将传统学徒培训方式与现代学校教育相结合的一种"学校与企业合作式的职业教育制度"。2014 年 2 月 26 日，国务院总理李克强在国务院常务会议上提出，要加快发展现代职业教育，开展校企联合招生、联合培养的现代学徒制试点；2014 年 8 月，教育部印发《关于开展现代学徒制试点工作的意见》，提出要着力构建现代学徒制培养体系，全面提升技术技能人才的培养能力和水平。2015 年 8 月 5 日教育部办公厅公布了 165 家首批现代学徒制试点单位，广西建设职业技术学院家具艺术设计专业被列为现代学徒制试点专业，现代学徒制的试点改革进入了全面实践和探索阶段。

与传统学徒制相比，现代学徒制具有更强的灵活性，体现出了行业企业和职业教育双主体的重要作用；现代学徒制以行业标准贯穿企业标准、师傅标准和培训标准，可有效提高学徒培训质量；现代学徒制体现了政府、行业、企业和学校多方参与的运行机制，通过细化双主体育人机制和培养成本分担机制，细化专业教学标准、课程标准、岗位标准、质量监控标准，完善专业建设激励制度、考核奖惩制度和职业教育教学管理制度，培养行业所需要的高素质、高技能人才。

广西建设职业技术学院着眼于广西家具行业市场发展态势和专业人才需求的前景，以现代学徒制"促进行业、企业参与职业教育人才培养全过程，实现专业设置与产业需求对接，课程内容与职业标准对接，教学过程与生产过程对接，毕业证书与职业资格证书对接，职业教育与终身学习对接"为原则，以设计理念、运行模式居于行业先进水平的标杆性家具企业为平台，全面推动职业教育体系和劳动就业体系互动发展，打通和拓宽技术技能人才培养和成长通道，推进现代职业教育体系建设的战略选择，使职业教育主动服务当前经济社会发展要求，努力为广西的家具市场经济发展做出积极贡献。

经过几年的实践和探索，在校企联合招生、人才培养模式，课程体系、教学管理和考评机制的构建方面积累了"双身份学徒班"招生招工一体化机制、"双基地轮训"的实践课程管理、构建基于岗位群的精准课程体系、建立内部质量监控和多方参与的考核评价机制等实践经验，形成学校和企业"双元培养"现代学徒制的运行机制和实施方法。通过推进多方参与的教学模式及教学方法改革，培育出具有现代学徒制发展特色的课程体系及其考核评价标准；通过"教、学、研、产、销"五位一体实训教学平台和大师工作室的搭建，创造出"师徒传带"实训教学运行机制和"协同创新，产学结合"教学模式；通过完善政校行企四方联动紧密协作，建立起校企"双元、双轨"的现代学徒制教学管理制度。为企业培养一批高素质、高技能专业人才，推动企业管理水平和生产加工水平快速提升，有效地提升了本专业人才培养层次。

实践结果表明，现代学徒制双元育人机制能够有效促进产教融合，深化校企合作，有利于促进行业、企业和职业教育共同参与人才培养全过程，有效提高人才培养质量，成为实现我国职业教育服务产业转型升级、资源优化和提质增效的重要战略。

目录

序

前言

下篇

现代学徒制在家具设计专业中的实践与探索 [1]

摘　要： 作为首批现代学徒制试点单位之一，广西建设职业技术学院与合作企业积极开展学徒制的实践和探索，在校企联合招生、人才培养模式、课程体系、教学管理和考评机制构建方面积累了"双身份学徒班"招生招工一体化机制、"双基地轮训"的实践管理、构建基于岗位群的精准课程体系、建立内部质量监控和多方参与的考核评价机制等实践经验，形成了学校和企业"双元培养"现代学徒制的运行机制和实施方法。

关键词： 现代学徒制；家具设计专业；课程体系；质量监控；考核评价

现代学徒制是西方有关国家实施的将传统学徒培训方式与现代学校教育相结合的一种"学校与企业合作式的职业教育制度"，是对传统学徒制的传承和发展 [1]。近年来，为解决全球经济不景气和青年失业率日益升高等问题，西方许多国家和地区在吸收传统学徒制优点和融合现代学校教育优势的基础上，纷纷建立并发展现代学徒制，将其作为提升技术技能、解决青年就业和增强经济竞争力的重要战略，受到世界各国的普遍重视。在现代职业教育快速发展的环境下，我国亦将现代学徒制作为职业教育改革的重点工作。

与传统学徒制相比，现代学徒制具有更强的灵活性，体现行业企业和职业教育双主体的重要作用；现代学徒制以行业标准贯穿企业标准、师傅标准和培训标准，可有效提高学徒培训质量；现代学徒制体现出政府、行业、企业和学校多方参与的运行机制，通过细化双主体育人机制和培养成本分担机制，细化专业教学标准、课程标准、岗位标准、质量监控标准，完善专业建设激励制度、考核奖惩制度和职业教育教学管理制度，培养行业所需要的高素质、高技能人才。广西建设职业技术学院（以下简称学校）作为首批现代学徒制试点单位之一，与合作企业积极开展学徒制实践和探索。

一、现代学徒制在家具设计专业中的实践基础

学校作为现代学徒制试点单位，经过几十年的工学结合、校企合作探索，形成了"学校社会双向参与、专业职业双业融合、学校企业双元培养"的人才培养模式和多种形式的校企合作方式。学校与企业签订现代学徒制合作协议，制定出多种形式的人才培养方案，校内专

1　本文发表于《职业技术教育》2018 年第 14 期，作者：李明炅。

业教师与企业师傅共同制订教学计划，同时开展项目驱动教学，将实践课程结合企业的家具生产，在工厂中完成课程设计，为现代学徒制试点开展建立了良好的实践基础。校企制订了一系列"厂中校""校中厂"的工学结合新模式，为学校现代学徒制试点提供了资源基础；在学校共建装修一体化部件研发与实训中心，该中心已开展多次师资培训和学生实践课程，为现代学徒制试点建设和教学计划的制订提供了充分依据。

二、适合家具设计专业的现代学徒制职业教育新模式实践

（一）构建校企"双身份学徒班"招生招工一体化机制

以学徒的培养为核心，学校与企业建立合作机制，逐步探索和建设招生招工一体化机制。学校通过自主招生、单独招生和中高职五年一贯制招生，组建现代学徒制试点班级，邀请家具行业专家、企业经理和项目负责人来校举办专题讲座；与"学徒班"学生签订现代学徒制协议，明确试点目标、教学计划和课程任务；与合作企业共同研制招工即招生方案，确定招生规模、考核方式、内容和录取办法；企业可面向社会招生，也可从企业中选拔符合学历晋升条件的员工，或以同等学力方式进行招生入学。通过企业招工组建现代学徒制试点班级，学徒与企业、学校签订有关培训时间、学习内容、薪资待遇等方面的学徒制协议书，明确学徒学生和企业员工双重身份，以及学徒制培养过程中各方的权利和责任。

（二）校企联合制定面向岗位的人才培养方案

建立校企合作双主体育人机制，共同开发校企一体化人才培养方案；充分发挥企业主导作用，按照家具行业和企业从业人员技能及职业要求优化学徒制人才培养方案和标准。校企联合制订的人才培养方案：第一学年学生在学校接受家具设计专业相关理论知识的学习，同时企业委派部门经理和项目生产负责人到学校开展讲学活动，讲解专业基础应用知识，宣传企业文化；第二学年企业各项目生产负责人和生产车间师傅到学校给学生进行职业技能培训和专业辅导，校内教师组织学生赴工厂完成相关的教学设计和生产项目实践课程；第三学年是学生的顶岗实践阶段，企业负责提供不同职能的部门岗位，组织学生轮换顶岗实践，实践过程中企业负责学生的安全生产、教学考核和质量监督等工作。

（三）开展"双基地轮训"模式的实践课程教学

利用校企双主体合作实训基地资源共享，为学徒及教师提供真实的职场环境和教学环境。实施"双基地轮训"的教育模式，学生在校内和企业实训基地交替培训学习专业技能，合理安排课程体系、教学管理、培养模式。学校家具专业教师团队与企业优秀技术人员和师傅共同设计和制订专业教学标准、课程标准、岗位标准、企业师傅标准、质量监控标准及相应实施方案。

家具设计专业现代学徒制课程教学模式是：第一学年，学生在学校内进行家具专业基础课的教学培训，掌握专业所需要的各项理论知识和基本技能，学校邀请行业专家，企业委派

项目经理和优秀师傅参与学徒班讲座活动，介绍行业和企业历史、专业资源和文化背景，让学生深入了解行业、企业和职业的发展及未来的培训学习目标；第二学年，主要采取半工半读、工学交替等多种形式培养学徒，企业委派家具生产部门师傅到学校参与专业授课和技术指导，校内的专业生产类实践课程与企业岗位相结合，由企业提供足够的技术岗位和师傅，让学生在各生产部门师傅的技术指导下完成培训项目和课程学习；第三学年，学徒参与实际项目的顶岗实践，由企业选拔的优秀技术人才担任学徒制师傅，对学徒进行分工指导和培训，实施企业班组化管理模式，确保学徒熟练掌握每个轮训岗位所需的技能。

（四）构建基于岗位群的精准课程体系

由企业优秀技术人员、学徒师傅与学校专业教师团队双方共同开发了模块化的基于现代家具生产中企业人才需求的课程体系。在三年的学徒培养计划中，以企业各生产部门的岗位要求作为教学重点，明确企业工艺技术中心的各组岗位特征、工作内容和需求，合理设置专业课程。企业工艺技术中心的各组职能包括：审核、拆单、拆审、护航、研发打样和订单服务，不同的岗位职能都有相对应的晋升岗位级别，在课程建设中根据设计、营销和售后等职能岗位需求有针对性地开设专业实践课程。

学校根据现代家具生产企业岗位技能要求，确立"家具方案设计""家具生产工艺技术""家具营销服务"和"家具研发"四大职业岗位群理论和技能实践项目，让学生在企业和校内实训基地接受统一的教学和培训，通过岗位技能训练熟练掌握家具设计专项技能，从而获得充分的理论延伸和技能强化训练。四大职业岗位群下的岗位职能包括专卖店设计员、审核员、拆单员、拆审员、护航员、订单服务技术员、专卖店营销员和研发打样员，见图1。根据不同的岗位职能和所需的知识结构，制订相应的现代学徒制课程教学计划，有利于学徒在校期间完成相应的岗位技能培训，将所掌握的理论知识和技能应用于具体的岗位中。

（五）建立适应学徒制教学组织的学生管理和师资管理制度

科学合理的教学管理与考评机制是现代学徒制试点工作的重要保障。学校与合作企业建立校企跨部门试点工作领导小组，研究并制订学徒制教学管理制度、学分制管理办法和弹性学制管理办法。例如学校学生学徒的"1+1+1"和"2+0.5+0.5"模式，企业员工学徒的"1+0.5+1.5"和"1+0.5+0.5"模式等。学分根据专业技术难度分配考核标准比例，学制根据学生学习程度和企业岗位标准弹性管理和制订。

学校和企业招收的学徒入学后，首先要与学徒明确其企业员工和职业院校学生双重身份，接受学校和企业共同监管和考评。明确学生的工作津贴、保险等保障权益；根据教学需要，企业科学安排学徒岗位、分配工作任务，保证学徒合理报酬，落实学徒的责任保险、工伤保险等。

学校重视建立和完善严格的学徒制学生管理制度。现代学徒制教育的学习场所，不仅是学校的家具加工生产实训基地，同时也包括企业和工厂内部实训基地等校外场所。由学校与

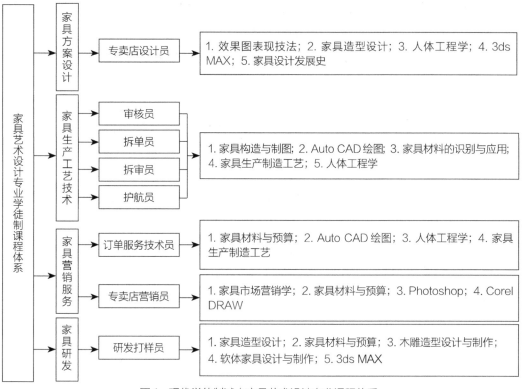

图1　现代学徒制试点家具艺术设计专业课程体系

企业共同参与建立学生的安全管理、考勤管理制度并不断修改完善，落实学校和企业的双方责任。

学校建立了适应学徒制人才培养的师资管理制度。专任教师的聘用制度和薪酬制度要求学校专任教师不仅要具备更高的理论素养，还要成为行业专家，参与企业职能岗位培训和学习。企业兼职教师（师傅）的聘任制度、培训制度和管理制度要求学校聘任的兼职教师，不仅是行业的专家能手，同时还需要经过学校的职业教育教学培训。

（六）建立内部质量监控和多方参与的考核评价机制

现代学徒制学生学习场所和学习时间比较灵活，学校和企业制订科学合理的质量监控制度，对学生在校课堂学习、企业培训和岗位实践进行管理，对学校专任教师、企业兼职教师的教学情况进行监控。

校企联合制订以育人为目标的岗位实践考核评价标准，建立多方参与的考核评价机制。创新考核评价与督查制度，建立定期检查、反馈等形式的教学质量监控机制，确保现代学徒制试点的有效开展。考核评价主要由专任教师和企业兼职教师共同完成。学校课程教学以专任教师为主，采用过程考核和总结性考核相结合的方式，同时企业兼职教师的评价占一定比例。企业实践课程教学，则以企业兼职教师评价为主，辅以专任教师意见。

三、现代学徒制在家具设计专业中存在的问题和对策

（一）家具企业的传统用人策略需向学徒制过渡

面对我国家具行业普遍存在的招工难、用工难问题，很多家具设计企业不愿将新进员工列入现代学徒制招生计划中，没有依托学校对员工开展有关行业素质和专业理论知识的培训，而是选择招工即用、进厂即用的方式。我国政府在学徒制的多方主体利益关系中的主导性较弱，缺乏明确的法律法规保障机制，缺乏有效的企业和学徒激励措施，行业企业参与学徒制培训的热情较低。

在对校企联合招生体系的探索中，学校主动切入企业招工的环节，在企业招工的同时开展学徒制协议书的签订工作，通过培育"双主体"的观念，使得企业加深对学徒制培养的学生即岗前培训的员工这一模式的理解，培养企业对学生和企业员工双重身份的用人策略。

（二）人才培养过程需结合家具设计行业认可的证书

我国在相关教育法律和法规上并没有明确企业员工入校应当享有的学徒权利，企业学徒接受学徒制培训毕业后的职业资格证书和学历证明、学徒制学制与我国高等教育的衔接和等值等问题得不到根本解决。政府应采取多种形式的激励措施鼓励企业委派员工参加学徒制培训，提高企业员工参与学徒制培训的积极性。

（三）多方利益协调需积极发挥政府推动作用

家具设计专业现代学徒制是涉及地方政府、家具行业企业、学校和学徒等多方主体利益的教育制度。在一系列复杂的合作流程中，多方利益难免会存在难以协调的问题，甚至会出现利益冲突点，而政府在多方主体利益关系中有着至关重要的作用。

学徒制的实施应当贯穿"中央—地方—行业—企业—学校"模式，由中央政府统筹现代学徒制发展全局，统一规划和制订学徒制培训标准和管理制度。地方政府要构建现代学徒制实施平台，组织并充分协调地方行业、企业和学校之间的联系，参与行业学徒制岗位标准的制订。政府要出台有效的激励措施，通过减免税务、政府拨款和直接资助等方式鼓励行业和企业参与学徒培养，激励企业员工参与学徒制培训。同时，要协调行业、企业和学校之间的密切联系，制订国家和行业认可的职业标准和资格证书标准，要确保学徒通过现代学徒制培训获得国家、行业认可的学历证书和职业资格证书。行业和企业应积极响应我国政府推行的学徒制实施政策，参与职业技能标准及认证体系的构建，并鼓励企业员工参加现代学徒制培训，提升其综合素质和技术应用能力，不断优化产业资源配置，从而加快家具产业结构升级。职业院校应当加强校企合作和工学结合层次，加深产教过程对接，提高人才培养质量，提升学徒就业市场竞争力。

参考文献

[1] 张启富. 高职院校试行现代学徒制：困境与实践策略 [J]. 职业教育发展, 2015（3）：45-51.

[2] 李玉静. 国际视野下我国学徒制的未来发展——德、英、澳、新学徒制发展特点及对我国学徒制发展的建议 [J]. 职业技术教育, 2015（21）：34-38.

[3] 关晶, 石伟平. 西方现代学徒制的特征及启示 [J]. 职业技术教育, 2011（31）：77-83.

基于"协同创新，产学结合"工匠人才培养体系的家具专业现代学徒制试点研究与实践[1]

摘 要： 以培养学生"工匠精神""艺术修养"和"职业核心能力"为导向，广西建设职业技术学院与合作企业积极构建基于现代学徒制的家具专业"工匠"人才培养体系。通过推进多方参与的教学模式及教学方法改革，形成了极具现代学徒制发展特色的"技术性"课程体系及其考核评价标准；通过"教、学、研、产、销"五位一体实践教学平台和大师工作室的搭建，创造出"师徒传带"实践教学运行机制和"协同创新，产学结合"教学模式；完善政校行企四方联动协作机制，解决传统师徒制单一性教学弊端，建立起校企"双元、双轨"的现代学徒制教学管理制度。实践结果表明，该人才培养体系有效提高了高职教育人才培养层次、职业技能和艺术素养，推动了企业管理水平和生产加工水平快速提升。

关键词： 现代学徒制；家具专业；工匠精神；人才培养体系

2015 年 8 月 5 日，教育部办公厅公布了 165 家首批现代学徒制试点单位（教职成厅函〔2015〕29 号），广西建设职业技术学院雕刻艺术与家具设计专业（后更名为家具艺术设计专业）被列为现代学徒制试点专业。本试点以设计理念、运行模式居于行业先进水平的标杆性家具企业为平台，全面推动职业教育体系和劳动就业体系互动发展，打通和拓宽技术技能人才培养和成长通道。试点期间，校企共建现代学徒制"协同创新，产学结合"的家具专业"工匠"人才培养模式。经过几年的现代学徒制实践，学校在校企协同育人机制、课程体系改革、实训基地建设、教学管理和考评机制构建等方面积累了丰富的实践经验，形成了学校和企业"双元培养"的现代学徒制运行机制和实施方法，在家具专业人才培养方面取得了显著成效。试点成果获得广西职业教育自治区级教学成果奖。

一、现代学徒制试点发展思路及改革历程

（一）以制度为先导，校企联合制定培养任务及目标

试点实践之初，由学校主导、联合企业制定了现代学徒制试点工作任务并形成详细的实施方案，以推进"产教融合、适应需求、提高质量"为目标，以提升学生职业素养和专业技

---

1 本文发表于《职业技术教育》2019 年第 17 期，作者：李明炅。

能为核心，以校企深度合作和教师、师傅联合传授为支撑，大力推进政府、行业、企业和学校"协同创新，产学结合"创新机制，推进课程体系、教学模式、管理制度和评价制度改革，特别是促进职业教育人才培养模式由学校主导向校企双主体育人过渡，进一步提升职业教育服务产业转型升级、提质增效能力和促进学生全面发展的能力。

（二）敲定办学模式，运筹资源奠定实践基础

学校以现代学徒制双主体育人的理念与自治区内外多家知名家具生产企业开展联合办学，开展"校中厂""厂中校"等多种办学模式，建设家具生产加工实训基地和家具设计大师工作室，形成良好的现代学徒制实践基础和资源积累；联合开展多次家具设计与制造生产等项目活动，创造了较大的生产价值。

（三）以企业项目为支撑，交互展开教学与实践

学校与企业签订校企合作协议，将实践课堂移至工厂并开展"厂中校"项目，将"家具项目设计""家具涂装工艺"和"家具构造与制图"等5门家具专业实践课程结合工厂的生产项目，以项目带动教学，由企业委派学徒制导师指导学生在生产一线完成技能培训和课程设计，学生的学习和工作效率得到明显提升。试点期间，校企师徒完成"家具产品 CAD 样图库建设""家具人才订单培养计划"和"家具生产衍生品再利用设计"等企业生产研发项目，总产值达 1000 万元，参与项目设计并受益学生 200 人，参与项目指导专业教师 8 人，参与指导师傅和企业管理人员 15 人。

（四）依托实训中心和大师工作室，持续推进产学研转化

与企业签订现代学徒制合作协议，在校内新建"板式加工""实木加工""软体加工""材料、资料和项目管理""五金装配"一体化家具生产加工实训中心和家具设计大师工作室。实训中心实行市场运作和项目管理机制，学生在家具行业专家、企业优秀大师和专业教师的指导下完成企业生产和研究项目，实现教学过程与生产过程无缝对接，切实提升学生岗位技能和职业素养。校企师生联合完成"实木家具涂装工艺""办公板式家具生产定制"等 6 项企业实践项目和设计课题，与企业协作完成多个家具设计和生产项目，合作项目总产值 300 万元。校企联合完成"教学空间板式家具设计定制实践项目""办公板式家具生产定制实践项目"等 3 项企业设计课题，协作完成"百色壮乡河谷综合楼室内外装修及景观设计""北海银投乾坤国际城房地产开发项目"和"钦州港口岸联检大楼二次装修设计"等生产项目，年均设计费达 300 万元。

（五）校企深入互动，创新工匠人才培养体系

校企共同探索"厂中校""校中厂"的学徒制新模式。以企业为主导，由家具专业教师团队与优秀技术人员、师傅共同完成学徒制人才培养计划，共同制订现代学徒制教学标准、课程标准、岗位标准、企业师傅标准、质量监控标准及相应实施方案；共同推进以家具构造、家具制图、家具材料、家具工艺、雕刻艺术、家具预算等六大能力为主体的现代学徒制实践课程改革，构建家具生产工艺技术理论与实践一体化课程体系，为相关专业群提供设施

先进、技术前沿的实践场所，并辐射相关专业群的人才培养模式和课程改革。

现代学徒制试点以深度校企合作机制为基础，深化了现代学徒制产教融合、校企合作，推进工学结合的人才培养模式，促进师资队伍建设，进一步提高学徒职业"工匠精神"、艺术素养和职业技能，全面提升专业内涵和社会、行业服务能力。

二、现代学徒制试点工匠人才培养体系实施举措

（一）拟订标准、制度先行，构建现代学徒制人才培养模式

积极参加教育部首批现代学徒制试点工作经验交流活动，赴国内外多所职业技术学院和职业教育机构汲取现代学徒制成功经验，借鉴优秀成果发展出创新性的家具专业工匠人才培养体系。试点与现代学徒制合作企业成立专业学徒制工作委员会，制订家具生产工艺人才培养目标和现代学徒制实施方案，制订学徒制人才培养工作细则，内容包括：专业人才培养方案、教学计划，课程标准、岗位标准、质量监控标准，学分制管理办法、弹性学制管理办法、校内实训基地教学实践计划、企业轮训岗位群实践计划等。试点期间，组建现代学徒制试点班级，与合作企业组建现代学徒制试点专家组和导师资源库，共同推进校企协同育人机制建设工作。

（二）双师轮训、教产衔接，推动教学模式和教学方法改革

由家具行业专家、学术委员会专家、企业优秀师傅和学校专业指导教师联合制订现代学徒制工作实施方案，实施以家具生产流程为主导的课程教学模式。学徒在家具生产工艺流水线上循环学习，大力加强培养家具生产工艺职业技能。指导师傅和教师通过"言传身教""授业解惑"，培养学生工匠精神和艺术修养。在教学方法上加强创新模式的构建，以生产项目驱动教学，具体在雕刻技术工艺、木工技术工艺、刮磨喷漆工艺、衍生品研发技术等8项家具生产核心工艺中实施人才培养教学创新。建立大师工作室和家具设计生产工作车间，实现教学过程与生产过程紧密对接。校企共同制订《现代学徒制家具艺术设计专业人才培养方案》及其教学计划，制订"家具制图与识图""计算机效果图制作"和"家具项目设计"等核心课程的《现代学徒制家具艺术设计专业课程标准》，制订《现代学徒制课程考核指导意见和质量考核调查表》。

（三）资源共享、五位一体，构建现代学徒制生产性实训基地运营模式

校企合作共建共享家具生产资源。在政府资金引导、学校的资源配套跟进、企业资金和人员共同投入下，建设校内外3000平方米现代学徒制家具生产实训中心和家具大师工作室，搭建起"教、学、研、产、销"五位一体的实践教学平台。学徒制生产实训中心实行市场运作和项目管理机制，由企业引进研究项目和生产项目，委托校企师徒设计和开发资源，并将设计和生产成果作为校企双方学徒制培养的考核依据，最终实现校企"资源共享，互利共赢"。试点以来，通过校企联合和资源整合，建设完成装修一体化部件研发实训中心和家

具生产车间。组建大师工作室，聘请家具行业专家和企业优秀大师主持学徒制大师工作室。现代学徒制实训基地和大师工作室运用现代化的企业经营管理模式，建立完善的企业运营机制和组织架构，从社会上承接实际的家具设计与生产工程项目开展业务，实现公司化运作模式。

（四）四方联动、共用师资，完善学徒管理制度和考评标准

积极推进学校与行业、企业的深度合作。改变传统师徒制"单打独斗"的弊端，建立起校企联合"双元、双轨"并行的"协同创新、产学结合"学徒制运行机制，弘扬家具产业"工匠精神"和"家具文化"，共同参与家具专业工匠人才培养全过程。

完善学徒制双导师队伍，校企联合制订《现代学徒制家具艺术设计专业"双导师"教师管理办法》。与企业签订现代学徒制"双导师"互聘共培合作协议，明确校企双方合作目的、导师录用资格条件、培养内容和双方职责等。

加强校企共建的学徒制合作管理，制订学徒管理办法，根据教学和生产项目的需要，科学安排学徒岗位、分配工作任务，保证学徒合理报酬。创新考核评价制度，制订以育人为目标的学徒制考核评价标准。试点专家组制订《现代学徒制企业导师教学质量评价指标》《现代学徒制学生年度鉴定表》《现代学徒制学校导师教学质量评价指标》和《现代学徒制职业素质基础课程教师课堂教学质量评价指标》，不断完善学徒管理办法和教学课程考核评价标准。

三、现代学徒制试点改革成效

（一）成功构建基于现代学徒制的家具专业"工匠"人才培养体系

建立开放的校企双主体育人机制，充分利用双主体合作实训基地和家具设计生产大师工作室资源，围绕实训基地和师资力量加大学生对校企学习资源的利用，为学生和教师提供真实的职场环境和有利的教学环境。本着"合作育人"的理念，共同以学生为主体，企业作为培养学生的主阵地，培养学生"工匠精神""艺术修养"和"职业核心能力"；实施"双基地轮训"教育模式，安排学生在学校和企业交替学习专业技能，校企共同履行培养职责和义务。

校企联合建立相应的人才培养成本分担机制，充分体现优质优价的教育资源配置原则，优化专业结构，增加校企双方教育经费投入等。统筹利用校企共建的家具生产与加工实训基地，雕刻与木作实训中心和企业实践岗位等教学资源，形成企业与学校联合开展现代学徒制的长效机制。学校承担系统的专业知识学习和基本的技能训练；企业通过师傅带徒弟的形式，依据现代学徒制人才培养方案进行岗位技能训练，最终实现"工匠"人才培养目的。

（二）创新性构建体现家具专业现代学徒制发展特色的课程体系

以现代学徒制合作企业为主导，由学校家具艺术设计专业教师团队与企业优秀技术人员和师傅共同设计人才培养方案，制订学徒制发展特色课程体系（图1）。在三年的学徒制

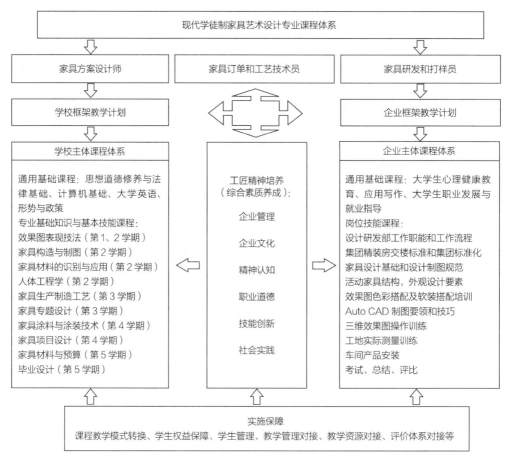

图 1　现代学徒制家具艺术设计专业工匠人才培养课程体系

培养中，以企业生产岗位要求作为教学重点，明确企业技术中心岗位特征、工作内容和需求，合理设置相应的专业实践课程。根据家具方案设计、产品生产制造、订单营销服务和工艺技术研发等职能岗位需求构建学徒制课程体系，制订"家具构造制图""家具材料识别应用""家具生产制造工艺"等6门核心课程标准，制订"雕刻工艺技术""板式加工技术""实木加工技术""软体家具生产技术"等6门技术性课程的操作流程及其考核评价标准。

（三）引领行业构建"协同创新，产学结合"一体化教学模式

根据现代家具生产企业的岗位技能要求，确立"家具方案设计""家具生产工艺技术""家具营销服务"和"家具研发"四大职业岗位群理论和技能实践项目，让学生接受统一的教学和培训，通过岗位技能训练掌握家具设计专项技能，获得充分的理论延伸和技能强化。聘请国内家具设计大师主持大师工作室和家具研发中心，担任专业教学指导和生产研发工作。聘请现代学徒制合作企业的优秀导师担任大师工作室的生产和管理工作。通过"名师带徒，言传身教"，培养学生工匠精神和艺术修养；以"一师带一徒""一师带多徒""多师带多徒"等方式"授业解惑"，传授学生家具设计技术和生产工艺知识，研发新型家具产品，

拓展生产工艺类别和应用范围，有效提高学生职业素质和职业核心能力，并充分发挥大师工作室的行业辐射效应。学生在家具设计大师的指导下，协同合作完成研究项目，在项目中体验创新过程，不断完善自身的理论知识，提升"协同创新"能力。

在现代学徒制人才培养过程中，高度重视技术研究和成果创新，校企共同试验现代工艺设备用于家具生产，有效提高家具生产工作效率。拓展金属、塑料、玻璃、陶瓷、纸、竹木等多种复合材料在家具造型设计和生产工艺中的使用。结合企业发展中的实际生产需要，开发出多样化的家具生产衍生品再利用产品设计。

（四）建立学徒制教学管理制度、考核评价机制和实施保障机制

校企联合共同探索并制订《现代学徒制教学管理制度》，制订学分制管理办法和弹性学制管理办法。制订以育人为目标的《现代学徒制实践考核评价标准》，建立多方参与的考核评价机制。校企共建教学运行与质量监控体系，完善学生管理、师资管理和质量监控制度，通过远程技术支持制订学徒制考核评价标准。

教学过程中做好安排和监管工作，结合"工"与"学"特定的课程教学目标，定期对学生的课业学习状况进行考核，适时进行反馈、沟通，保证学习过程的质量得到有效控制。与现代学徒制合作企业建立校企跨部门工作小组，制订人才培养方案和学徒实践管理制度、企业导师工作职责、学分制和弹性学制管理办法、准员工转岗制度等一系列配套管理制度，并落实专人负责制，及时协调有关部门支持试点工作。

四、存在的主要问题及改进措施

在现代学徒制试点过程中，不可避免地存在一些突出的问题，学校采取积极的改进措施，主要经验及做法总结如下：

其一，由于试点缺乏现代学徒制实施成功经验，广西家具行业缺乏专业的家具设计和技术人员，影响了学徒制试点教学实施效果。对此，学校组织学徒制专家组和导师参加教育部举办的现代学徒制试点工作经验交流活动，借鉴国内外的优秀成果，同时加大同行院校之间的经验交流和合作力度，组织学徒导师赴同行院校汲取现代学徒制成功经验，不断完善现代学徒制人才培养模式。

其二，部分合作家具企业管理水平和生产加工水平比较落后，人才培养层次不高。学校一方面保持与现代学徒制合作企业紧密交流，加快教学模式和教学方法改革，提高学生学习和工作效率，另一方面由家具行业专家、学术委员会专家、企业优秀师傅和学校专业指导教师联合制订学徒制工作实施方案，实施以家具生产流程为主导的课程教学模式，在教学方法上加强创新，以生产项目驱动教学，实现教学过程与生产过程紧密对接，切实提高家具专业人才培养水平。

其三，政校行企之间协作分离的问题，也在一定程度上影响了现代学徒制试点的有效开

展。学校努力争取与政府、行业和企业之间的紧密协作，解决单一的传统学徒制教学弊端。在政府的引导下大力推进校企合作资源整合，不断完善现代学徒制试点建设工作，以期实现"资源共享，互利共赢"的长效机制。

参考文献

[1] 张启富. 高职院校试行现代学徒制：困境与实践策略 [J]. 教育发展研究，2015（3）：45-51.

[2] 李玉静. 国际视野下我国学徒制的未来发展——德、英、澳、新学徒制发展特点及对我国学徒制发展的建议 [J]. 职业技术教育，2015（21）：34-38.

[3] 黄君录. 高职院校加强"工匠精神"培育的思考 [J]. 教育探索，2016（8）：50-54.

高职现代学徒制
家具艺术设计专业教学标准

（"厂中校"模式）

一、专业名称及代码

家具艺术设计（650106）。

二、招生对象

面向合作企业招收应届往届高中、中职或同等学力毕业生。

三、基本学制与学历

（一）学制
全日制三年。
（二）学历
学习合格取得大专学历。

四、专业培养目标

面向家具艺术设计的专业设计和生产技术，家具营销和项目管理岗位，培养具有家具艺术设计必备的理论知识和专业技能，有良好的职业素养和生产管理及解决实际问题的能力，具有信息技术运用和团队协作能力，能够在家具设计和制造企业从事设计、生产、销售、管理等相关岗位工作的技术技能人才。

五、培养方式

　　学校和企业联合招生、联合培养、一体化育人。教学任务由学校导师和企业导师共同承担，实行双导师制度。公共基础课程和专业技术技能课程系统的专业知识教学主要由学校导师承担，专业技能训练主要由企业导师承担；学校导师主要以集中授课、任务训练等形式让学徒掌握必备的专业理论知识，企业导师依据培养方案主要以集中培训、技能训练、岗位培养、师带徒等形式培养学徒的岗位能力。

六、职业范围

（一）职业生涯发展路径（表1）

家具艺术设计专业职业生涯发展路径　　　　　表1

岗位层级	学徒岗位	专业技术岗位			销售管理岗位			学历层次	发展年限
		家具设计师	技术培训师	拆单设计师	行政主管	门店店长	销售顾问		
IV	1. 家具设计师 2. 技术培训师 3. 拆单设计师 4. 行政主管 5. 门店店长 6. 销售顾问	家具设计员	技术管理员	家具拆单员	家具导购员	行政助理	销售助理	高职	0~1
III		助理家具设计师	技术培训员	拆单设计员	门店团队领队	行政专员	销售专员	高职 高职	2~3
II		家具设计师	技术培训师	拆单设计师	门店店长	行政主管	销售主管	高职	3~5
I		高级家具设计师	高级技术培训师	高级拆单设计师	销售经理	门店店长	部门经理	高职	5~10

（二）面向职业范围（表2）

高职学段职业岗位及证书　　　　　表2

序号	对应职业（岗位群）	学徒目标方向	职业资格证书举例
1	家具设计师	按客户要求完成家具设计方案	家具设计员职业资格证书
2	技术培训师	把控家具生产和工艺培训管理	家具技术管理员（三级）资格
3	拆单设计师	按客户要求完成家具拆单设计	家具设计员职业资格证书
4	行政主管	企业行政部门协调管理	家具企业行政助理资格证书
5	门店店长	综合执行品牌门店经营管理	家具门店店长（三级）资格
6	销售顾问	家具企业行政协调管理	家具企业行政助理资格证书

七、人才规格

（一）职业素养（表3）

职业素养 表3

专业素质	综合素质
（1）具有良好的思想政治素质，严谨的行为规范和良好的职业道德 （2）熟悉家具行业相关管理规范和法律法规，遵纪守法、爱岗敬业 （3）具有较强的自学能力和岗位适应能力，具有较强的分析问题和解决问题的能力 （4）具有本专业必需的计算机基础，熟练掌握与本专业相关的设计软件 （5）掌握本专业所必需的设计美学相关设计理论 （6）掌握家具生产与制造、家具艺术设计、人体工程学等专业理论知识 （7）掌握艺术美学规律，具备一定的艺术鉴赏和创新创造能力	（1）具有热爱社会主义祖国、拥护中国共产党的领导和党的基本路线、为国家富强和民族昌盛服务的政治思想素质，具有正确的世界观、人生观和价值观 （2）具有较强的事业心和责任感，具有勤奋学习、艰苦奋斗、实干创新的精神 （3）具有良好的职业道德和思想品质，具有较高的文化艺术修养和职业素质，热爱本行业 （4）具有较强的家具艺术设计行业一线需要的业务素质

（二）工作任务和专业能力（表4）

工作任务和专业能力 表4

	专业技术岗位	销售管理岗位
工作任务	（1）与客户沟通，收集和反馈客户建议、意见，提高设计服务素质，建立良好的客服关系 （2）分析客户主观特征和设计需求，制订个性化设计方案 （3）实施整体家居设计流程操作，帮助客户达成家居和家具设计效果 （4）进行家具设计培训服务，根据企业要求有目的性地制订和调整培训方案 （5）根据客户需求，调整和完善家居、家具设计图纸绘制工作	（1）传播企业文化和公司经营理念，家具行业的信息收集和市场拓展 （2）家具店面的日常经营活动运营管理，包括员工业绩考核管理，制订销售工作计划，协助店员达到目标，提升店员的技术和销售能力 （3）分析客户心理结构和意见，解释销售目标和人员标准，完善销售策略和服务方法 （4）定期了解家具销售情况和市场竞争动态，分析销售形势，制定解决问题的方略对策 （5）销售档案管理，完善企业销售报表
职业能力	（1）具有企业项目销售和工作流程运营管理的能力 （2）熟练应用家具艺术设计绘图工具的能力 （3）家具设计标准操作流程管理能力 （4）具备专业的设计沟通能力和沟通技巧	（1）有传播企业文化和公司经营理念、品牌推广的能力 （2）具备家具产品销售、项目销售管理和销售目标管理能力 （3）分析家具销售市场行情，分析家具产品品牌管理计划的能力
能力目标	1. 知识目标： （1）造型语言与表达：专业基础课程，培养基本的、必要的造型设计能力和技巧 （2）数字工具与技术：专业数字课程，学习艺术设计主流的和辅助的数字工具和技能 （3）视觉传达与媒介：专业设计课程，数字与艺术设计珠联璧合，全新艺术设计职业教育理念 （4）设计思维与素养：设计师讲座课程，培养设计理想（理念）和素养	

続表

	专业技术岗位	销售管理岗位
能力目标	2．能力要求： （1）具有良好的思想政治素质、严谨的行为规范和良好的职业道德 （2）具有较强的计划组织协调能力、团队协作能力 （3）具有较强的开拓创新能力 （4）具有较强的语言表达能力、人际沟通能力 （5）具有较强的家具艺术设计能力和艺术鉴赏能力 （6）具有较强的家具设计项目的技术指导能力 （7）具有较强的多媒体技术与应用能力 （8）具有较强的自学能力和获取并处理信息的能力	

八、课程体系

课程模块分为基本素质与能力核心课程模块、专业基础课程模块、企业核心课程模块、岗位职业能力核心课程模块四个模块，另有专业任选课程、公共限选课程和公共任选课程的教学规定设置。专业技术类课程根据不同学徒岗位方向共同需要的职业能力要求进行设置，学徒岗位职业能力课程根据学徒岗位方向的特定要求设置。专业拓展课程是为提高职业素养素质，适应艺术设计类岗位能力要求设置，由学校导师团队研究制订。课程体系结构见表5。

家具艺术设计专业课程体系　　　　表5

课程模块	课程名称	课程性质
基本素质与能力核心课程模块	毛泽东思想和中国特色社会主义理论体系概论	必修课
	思想道德修养与法律基础	必修课
	大学英语	必修课
	体育	必修课
	计算机应用基础	必修课
	大学生心理健康教育	必修课
	大学生安全教育	必修课
	大学生职业发展与就业指导	必修课
专业基础课程模块	造型基础	必修课
	图案设计	必修课
	家具构造与制图	必修课
	效果图表现技法	必修课
	室内设计基础	必修课

课程模块	课程名称	课程性质
企业核心 课程模块	家具涂料与涂装技术	必修课
	室内陈设品设计与制作	必修课
	家具材料与预算	必修课
	家具材料的识别与应用	必修课
	家具生产制造工艺	必修课
	家具专题设计	必修课
	家具项目设计	必修课
岗位职业能力 核心课程模块	Auto CAD 绘图	必修课
	收纳厂生产技术	必修课
	企业制造中心介绍	必修课
	强化木地板知识	必修课
	职业形象与商务礼仪	必修课
	计算机效果图制作	必修课
	橱柜生产基础知识及工艺流程	必修课
	沟通技巧	必修课
	木门基础知识与工艺流程	必修课
	企业行政规章制度	必修课
	家具造型设计	必修课
	人体工程学	必修课
	木雕造型设计与制作	必修课
	软体家具设计与制作	必修课
	家具市场营销学	必修课
专业任选课	Photoshop	任选课
	Corel DRAW	任选课
	室内环境与设备	任选课
公共限选课	形势与政策	限选课
	应用写作	限选课
公共任选课	由学校自行设置，4 学分，包括公共任选课程和第二课堂等	任选课

九、课程内容及要求

（一）基本素质与能力核心课程模块（表6）

基本素质与能力核心课程　　　　　　　　　　　　　　表6

序号	课程名称	主要教学内容和要求	参考学时
1	毛泽东思想和中国特色社会主义理论体系概论	马克思主义中国化两大理论成果、新民主主义革命理论、社会主义改造理论、社会主义建设道路初步探索的理论成果、建设中国特色社会主义总依据、社会主义本质和建设中国特色社会主义总任务、社会主义改革开放理论、建设中国特色社会主义总布局、实现祖国完全统一的理论、中国特色社会主义外交和国际战略、建设中国特色社会主义的根本目的和依靠力量、中国特色社会主义领导核心理论	64
2	思想道德修养与法律基础	本课程是思想道德和法制观念教育的必修课程。以职业道德培养与法律教育为主线，理论教学与企业员工学法、守法、用法的自觉性培养相结合，培养远大理想和中国精神的内涵、道德实践的方法、道德规范、宪法和法律体系、法律观念的树立、履行法律义务，树立正确的人生观和价值观	48
3	大学英语	通过课程教学掌握运用英语交流沟通的基本能力目标，增强学习兴趣和自主学习能力，提升就业竞争力和专业可持续性发展	75
4	体育	增强身体机能和运动能力，获得各项运动项目的基本知识和技术技能，全面提高身体素质	80
5	计算机应用基础	学习常用办公软件、计算机网络和信息安全等方面的基础应用知识，提高办公应用技能	45
6	大学生心理健康教育	健康与心理健康、大学生的自我意识、大学生的情绪与情感、大学生的学习心理、大学生的人际关系问题、大学生挫折的承受与应对、大学生常见的心理障碍与心理疾病、大学生与心理咨询、大学生的择业心理	32
7	大学生安全教育	大学生安全教育知识、自我保护和安全意识	24
8	大学生职业发展与就业指导	企业的职业内涵、职业生涯规划、自我认识，就业形势、就业政策及劳动权益、择业准备、求职择业的技巧、适应社会和创业指导	38

（二）专业基础课程模块（表7）

专业基础课程　　　　　　　　　　　　　　表7

序号	课程名称	主要教学内容和要求	参考学时
1	造型基础	通过本课程的学习，掌握造型艺术的概念和特征；掌握造型设计原理、原则和要素，掌握家具造型表现的依据和方法；理解家具空间中的体积、光影与透视原理，注重理论结合实际，学以致用	80
2	图案设计	通过课程学习，熟练掌握图案造型方法，分析和把握各阶段图案、图形和图像技术的特征和设计原理，通过主题性专业设计细化装饰表现，突出图案在家具设计应用上的造型创意技术	48

序号	课程名称	主要教学内容和要求	参考学时
3	家具构造与制图	本课程依据家具图纸转化为生产的工作过程作为导向，突出制图知识的应用能力，包括基本的几何作图，到投影知识，再到制图标准，最后以教室课桌椅、老师办公桌为例子，绘制出能为车间提供生产的标准图纸。家具在一定程度上依托建筑、室内存在，因此有必要对家具制图进行课程拓展，进行建筑施工图与建筑装修施工图的读识与绘制。此外，在课程不同阶段设计不同的教学情境以突出教学目标掌握工作岗位需要的相关专业知识	72
4	效果图表现技法	深入了解手绘效果图表达与家具设计的重要关系，掌握针对不同室内风格设计和家具设计的手绘效果图表现方法。在具体家具设计实践中，灵活运用各种技法和表现技术，并借助相关信息化手段和数字表现技术完成进阶效果表现	88
5	室内设计基础	通过课程学习，掌握室内设计的初步知识，熟练运用多媒体处理技术完成室内和家具装配设计	32

（三）企业核心课程模块（表8）

企业核心课程　　　　　　　　　　　　　　　　　　　　　　表8

序号	课程名称	主要教学内容和要求	参考学时
1	家具涂料与涂装技术	本课程主要讲授家具涂料的行情与发展趋势、家具涂装的分类、家具涂料的成分与施工工艺、实木家具涂装实践等涂料知识点与实践技巧。了解家具涂料与涂装工艺技术并针对具体家具设计选用不同涂装工艺，掌握基础涂装操作的实践能力	48
2	室内陈设品设计与制作	主要讲授家具设计的基础知识、家具的基本构造和工艺、室内陈设设计等，培养把家具与室内织物、植物、工艺陈设品等内容进行有机组织的能力。要求掌握从使用室内空间的人这个基点出发，充分考虑人的心理与行为特征，结合建筑的功能、性质，对室内陈设由表及里地进行设计的知识和方法。能够将新技术、新工艺用于家具与陈设设计方面；能够将家具与陈设和室内环境设计形成一个有机的整体，使之成为体现室内气氛和艺术效果的主要角色	80
3	家具材料与预算	通过课程教学学习家具的材料损耗计算方法，材料统计和报价清单软件知识。掌握板式家具的各种板材及规格、板式家具五金件的规格与材料、熟悉常用板式家具材料的市场价格与行情；能制作材料报价清单。通过学习情境，掌握一般的家具预算方法，包括单件家具、家具项目、标书等内容，掌握两到三种预算表的制作等	24
4	家具材料的识别与应用	通过本课程的学习，掌握不同家具材料的宏观特性及其基本性质。本课程将家具主要材料进行分类说明，木竹藤类、人造板类、金属类、塑料类、石、玻璃等，通过图片、视频和实物展示，教授材料特性与应用方法	24
5	家具生产制造工艺	本课程将理论授课与制图实践相结合，重点培养工艺技术的理解及其综合运用，掌握家具生产工艺流程，熟悉相关的生产设备、材料、五金和家具结构	48

序号	课程名称	主要教学内容和要求	参考学时
6	家具专题设计	本课程主要以企业职业岗位能力标准为依据进行的课程设计。结合典型工作任务的能力要求设计课程教学内容，课程讲授紧密结合家具设计师岗位实际工作任务，以培养学徒解决实际问题的能力为主线，重点加强家具风格设计、造型设计和装饰设计能力训练，通过工学交替、岗位培养完成教学任务，重点培训家具造型设计和装饰设计应用能力	72
7	家具项目设计	企业家具项目介入课程教学，重点教授室内平面图的测量与绘制、家具平面布置方案、单件家具施工图绘制	80

（四）岗位职业能力核心课程模块（表9）

岗位职业能力核心课程   表9

序号	课程名称	主要教学内容和要求	参考学时
1	橱柜生产基础知识及工艺流程	通过企业生产项目带动教学，包括橱柜功能的设计：尺寸、使用材料、五金件的选择、家具安装的各个细节；分析不同设计生产阶段所要考虑的要素，讨论其中可能出现设计困难的原因。课程设计中融入现场实地教学，与校内工艺课程相结合，验证更新理论知识，并在后期的车间培训中深入掌握橱柜系统的生产工艺	24
2	沟通技巧	以职场岗位中的沟通案例为导向，通过一个项目在企业制造完成为案例，包括沟通的理论知识：沟通知识概述、沟通的定义及作用、沟通的重要性、沟通的类别、沟通的原理图；分析各种职场中沟通不畅的失败案例，分析其中沟通障碍和沟通误解产生的原因，确定课程教学内容；课程内容包括沟通中信息的传达的构架图，以及自我发现沟通不畅的原因；提高语言艺术与工作中沟通技巧。本课程目标是使学徒在进入职场之前了解沟通的重要性，在工作中注意沟通的手段，并且遇到沟通不畅困难时学会分析反思总结经验教训。本课程是职业素质的技能课，但是沟通技巧是要不断学习和在工作社交中逐步积累的，本课程重在引导启发作用	24
3	木门基础知识与工艺流程	以满足市场的木门设计生产为导向，通过一个项目在企业制造完成为案例，包括门功能的设计：尺寸、使用材料、五金件的选择，到最后安装的各个细节；分析不同设计生产阶段所要考虑的要素，讨论其中出现设计困难点的原因，以此内容确定课程教学内容；课程设计中融入现场实地教学的方式。本课程与校内家具工艺课程相结合，从而深入掌握木门的生产工艺知识	32
4	企业行政规章制度	以案例项目为导向，突出案例分析主线，以行政规章制度为载体，分析安全管理、后勤管理、综合事务管理各个部分的内容确定课程定位；分析职业岗位中所涉及行政制度的关联性，确定课程教学内容；课程内容包括宿舍区与厂区的安全管理，公司工作的行为规范；后勤管理的住宿、交通和接待等相关问题；深入理解相关行政规章制度和行动要求	16
5	企业制造中心介绍	以企业制造中心的功能分别为导向，通过一个项目在企业制造完成为案例，分析木门、实木、橱柜等各个事业部的生产流程；分析各个不同生产事业部之间的关联性，确定课程教学内容；课程内容包括制造中心的组织构架，制造中心的生产能力；生产设备，制造中心未来的发展目标。本课程目标为使学徒进入企业制造中心了解设计生产情况，如制造中心未来发展趋势、车间培训的要求等	16

序号	课程名称	主要教学内容和要求	参考学时
6	强化木地板知识	现代家庭木地板形成了庞大的产业市场，符合装配式定制一体化的发展趋势，通过一个项目在企业制造完成为案例，包括木地板功能面板：风格、基材材料、五金件的选择，到最后安装的各个细节；分析不同设计生产阶段所要考虑的要素，讨论其中出现设计困难点的原因，以此内容确定课程教学内容；课程设计中融入现场实地教学的方式。在后期车间培训中深入掌握木地板的生产方式和方法	32
7	收纳厂生产技术	现代家庭浴室柜形成了庞大的产业市场，与智能厨房家电一体化的发展趋势，通过一个项目在企业制造完成为案例，包括浴室柜功能的设计：尺寸、使用材料、五金件的选择、安装的各个细节；分析不同设计生产阶段所要考虑的要素，讨论其中出现设计困难点的原因，以此内容确定课程教学内容；课程设计中融入现场实地教学的方式。在后期的车间培训中深入掌握浴室柜生产工艺	24
8	职业形象与商务礼仪	以职场岗位中的商务场合的礼仪应用为导向，通过一个项目在企业制造完成为案例，包括礼仪的理论知识：商务着装、商务用语、商务来往、商务用餐需要注意到的礼仪细节；分析各种职场中不恰当的"失礼"案例，分析其中沟通障碍和沟通误解产生的原因，确定课程教学内容；课程内容包括沟通中信息的传达的构架图，以及自我发现沟通不畅的原因；提高语言艺术与工作中沟通技巧等。在进入职场之前了解基本的商务礼仪，在商务交往中注意必要的礼仪礼貌，提高个人基本素质与在客户面前的形象	32
9	软体家具设计与制作	本课程要求分组完成软体家具实物设计，包括设计、绘图、Auto CAD 绘制，结构分析，材料选择等，掌握软体家具的分类、功能设计要点、材料选择，生产流程，设备使用等内容	72
10	家具市场营销学	该课程是在分析家具行业社会市场背景的基础上，介绍家具营销学概论、家具设计和产品开发、家具生产工艺、市场细分，目标市场和市场定位等方面的内容，它对市场调研和营销信息管理系统、价格策略、广告、促销和公关等方面具有重要理论指导作用	30
11	家具造型设计	本课程是以职业岗位能力标准为依据，结合典型工作任务的能力要求设计课程教学内容，课程讲授紧密结合家具造型设计师和结构设计师的岗位实际工作任务，以培养解决实际问题的能力为主线，重点加强家具风格设计和造型形态设计能力训练，通过工学交替、岗位培养完成教学任务	63
12	计算机效果图制作	以实操项目为导向，突出培养软件操作应用能力，以家具设计方案为载体，分析不同家具造型的效果图制作流程，确定课程定位；分析职业岗位对计算机效果图的任务要求，确定课程教学内容；课程内容包括 3ds MAX 软件与相关插件的知识，企业效果图实践项目；将家具设计师的效果图制作软件操作实践能力，与企业设计岗位需求紧密对接，序化教学内容；校企共研教学方法和教学手段，构建新的课程质量评价标准	80

十、教学安排

教学安排表

表 10

课程类别	考试课程	课程代码	课程名称	学时分配 总计	学时分配 理论讲授	学时分配 课程实践	学分数	第一学期 节数	第一学期 周数	第二学期 节数	第二学期 周数	第三学期 节数	第三学期 周数	第四学期 节数	第四学期 周数	第五学期 节数	第五学期 周数	第六学期 节数	第六学期 周数	应修学分
基本素质与能力核心课程模块		1	毛泽东思想和中国特色社会主义理论体系概论	64	48	16	4.0	4	16											4.0
		2	思想道德修养与法律基础	48	38	10	3.0			3	16									3.0
			大学英语1	45	45		3.0	3	15											3.0
			体育1	24		24	1.6	2	12											1.6
			体育2	28		28	1.7			2	14									1.7
			体育3	28		28	1.7					2	14							1.7
			计算机应用基础	45	25	20	3.0			3	15									3.0
			大学生心理健康教育	32	16	16	2.0	2	16											2.0
			大学生安全教育1	8	6	2	0.5	2	4											0.5
			大学生安全教育2	8	6	2	0.5					2	4							0.5
			大学生安全教育3	8	6	2	0.5									2	4			0.5
			大学生职业发展与就业指导	38	16	22	1.5					2	10	3	6	2	4			1.5
			小计	376	206	170	23	13	63	8	45	6	28	3	6	2	4	0	0	23

课程类别	考试课程	课程代码	课程名称	学时分配			学分数	第一学期		第二学期		第三学期		第四学期		第五学期		第六学期		应修学分
				总计	理论讲授	课程实践		节数	周数	节数	周数	节数	周数	节数	周数	节数	周数	节数	周数	
专业基础必修课			造型基础（素描、色彩）	80	32	48	5.0	16	5											5.0
			图案设计	48	16	32	3.0	24	2											3.0
			家具构造与制图	72	24	48	4.5			24	3									4.5
			效果图表现技法1	88	22	66	5.5	22	4											5.5
			效果图表现技法2	48	16	32	3.0			16	3									3.0
	2		室内设计基础	32	16	16	2.0			16	2									2.0
			小计	368	126	242	23	62	11	56	8	0	0	0	0	0	0	0	0	23.0
企业核心课程模块			家具涂料与涂装技术	48	16	32	3.0							16	3					3.0
			室内陈设品设计与制作	80	16	64	5.0							16	5					5.0
			家具材料与预算	24	18	6	1.5									24	1			1.5
	3		家具材料的识别与应用	24	12	12	1.5			24	1									1.5
			家具生产制造工艺	48	24	24	3.0					24	2							3.0
			家具专题设计	72	24	48	4.5					24	3							4.5
			家具项目设计	80	32	48	5.0							16	5					5.0
			小计	376	142	234	23.5	0		24		48		48		24	1	0		23.5
			合计	1120	474	646	69.5	75		88		54		51		26		0	0	69.5

注：

课程类别	考试课程 课程代码	课程名称	学时分配 总计	理论讲授	课程实践	学分数	第一学期 节数	周数	第二学期 节数	周数	第三学期 节数	周数	第四学期 节数	周数	第五学期 节数	周数	第六学期 节数	周数	应修学分
岗位职业能力核心课程模块		Auto CAD 绘图	63	21	42	4.0			21	3									4.0
	1	收纳厂生产技术	24	18	6	1.5	2	12											1.5
	4	企业制造中心介绍	16	8	8	1.0							16	1					1.0
	4	强化木地板知识	32	16	16	2.0							8	4					2.0
	4	职业形象与商务礼仪	32	16	16	2.0							8	4					2.0
	4	计算机效果图制作	80	24	56	5.0							16	5					5.0
	4	橱柜生产基础知识及工艺流程	24	12	12	1.5							12	2					1.5
	4	沟通技巧	24	12	12	1.5							12	2					1.5
	4	木门基础知识与工艺流程	32	16	16	2.0							16	2					2.0
	4	企业行政规章制度	16	8	8	1.0							16	1					1.0
		家具造型设计	63	21	42	4.0			21	3									4.0
		人体工程学	16	8	8	1.0			16	1									1.0
		木雕造型设计与制作	120	24	96	7.5					24	5							7.5
		软体家具设计与制作	72	24	48	4.5					24	3							4.5
	4	家具市场营销学	30	24	6	2.0							3	10					2.0
		小计	644	252	392	40.5	2	12	58	7	48	8	107	30	0	0	0	0	40.5

课程类别	考试课程	课程代码	课程名称	学时分配 总计	理论讲授	课程实践	学分数	第一学期 节数	第一学期 周数	第二学期 节数	第二学期 周数	第三学期 节数	第三学期 周数	第四学期 节数	第四学期 周数	第五学期 节数	第五学期 周数	第六学期 节数	第六学期 周数	应修学分
专业任选课			Photoshop	40	20	20	2.5			20	2									6.0
			CorelDRAW	40	20	20	2.5					4	10							
			室内环境与设备	16	10	6	1.0							2	8					
				0																
			小计	96	50	46	6.0	0	0	20	2	4	10	2	8	0	0	0	0	6.0
公共限选课			大学英语2	30	30		2.0			2	15									2.0
			高等数学	48	48		3.0													3.0
			形势与政策1	6	6		0.3			3	2									0.3
			形势与政策2	6	6		0.3					3	2							0.3
			形势与政策3	6	6		0.4							3	2					0.4
			应用写作	36	36		2.0													2.0
			小计	132	132	0	8.0	0	0	5		3	2	3	2	0	0	0	0	8.0
公共任选课			公共任选课（任选）				4.0													4.0
			第二课堂																	
			合计	872	434	438	58.5	2	12	83	9	55	18	112	38	0	0	0	0	58.5

课程类别	课程代码	课程名称	学时分配				学分数	各学期学时分配（周）						应修学分
			总计（周）	总计（学时）	理论讲授	课程实践		一	二	三	四	五	六	
实践环节		毕业设计（校企实践项目）	16	384		384	16					16		16
		岗位综合实践	18	432		432	9						18	9
														0
		小计	34	816	0	816	25	0	0	0	0	16	18	25
其他环节		入学教育	1	24		24	1	1						1
		军事技能与军事理论	2	48		48	2	2						2
		操行						1	1	1	1	1	1	1
		公益劳动	1											
		毕业教育	1										1	
		考试	5					1	1	1	1	1		
		社会实践（暑期进行）	5											
		小计	15	72	0	72	3	5	2	2	2	2	1	3
		合计	49	888	0	888	28	5	2	2	2	18	19	28

十一、实施的基本条件

本专业实施校企联合培养，一体化育人的长效机制，完善学徒培养的教学文件、管理制度和相关标准，推进专兼结合、校企互聘共用的双导师教学团队建设。校企签订现代学徒制合作育人协议，学校、企业与学生（家长）签订三方协议，制订了合作育人的教学管理工作制度，企业提供足够的学徒学习工作岗位，经验丰富的企业导师和岗位课程教学内容，为现代学徒制的实施提供了充分的教学环境和条件。

（一）合作企业基本情况

现代学徒制合作企业下设行政管理、人力资源管理、后勤管理、培训部门及学校。教学设施、设备完善，拥有多媒体教室、实践教学工厂和专业技能培训课室等场所，能够满足企业员工岗位晋升培训，学徒入职培训的同时，也面向社会开展家具设计和生产职业培训和技能鉴定。

（二）双导师基本情况

1. 学校导师。学校导师均为硕士研究生以上学历、学位，讲师以上专业职称，具有家具行业相关岗位工作经历，职业教育教学能力较强，对现代学徒制人才培养模式有深入研究，能够在教学、教改、教学资源建设和服务企业等工作中发挥重要作用。

2. 企业导师。企业导师来自合作企业各生产部门和项目管理岗位，是在家具专业岗位、专业技术培训岗位和专业一线业务能力突出的优秀师傅员工，具有 5 年以上工作经验，岗位操作技能娴熟，有较强的语言表达能力，爱岗敬业。

现代学徒制
家具艺术设计专业核心课程标准

（"厂中校"模式—企业核心课程）

现代学徒制家具艺术设计专业
"橱柜生产基础知识及工艺流程"课程标准

一、课程基本信息

课程名称	橱柜生产基础知识及工艺流程				
适用专业	家具艺术设计	实施学期	4	总学时	24
项目类型	实践项目	项目性质	岗位能力培养	考核形式	考查＋考试
教研室	合作企业	撰写人		职称	

二、课程定位

（一）课程对应的岗位及其任务

橱柜生产工艺是精装房装配的重要部分，也是合作企业五大事业部之一。本课程是企业家具设计岗位核心专业工艺课，与校内的家具生产工艺课程相结合，更新家具生产理论知识构架，在后期的车间培训中深入掌握橱柜生产工艺技术。

（二）课程性质

企业岗位实践课。

（三）课程定位

以企业家具生产门类和设计工艺课程内容划分，本课程要求掌握详细的橱柜生产工艺，企业事业部生产的产品种类和生产关系，以及橱柜系统中的不同组成部分，包括橱柜的风格和结构等。

本课程前与学校的"家具生产工艺"课的理论知识相接，后与"车间实践培训"的生产实地参与相续，起到承前启后的课程衔接，成为一个从理论到实践过渡的知识—技能课程体系。

三、课程设计思路

现代家庭橱柜形成庞大的产业市场，有与智能厨房家电一体化的发展趋势，通过项目在企业的制造完成作为案例，包括橱柜功能的设计：尺寸、使用材料、五金件的选择，到最后安装的各个细节；分析不同设计生产阶段所要考虑的要素，讨论其中出现设计困难点的原因，以此内容确定课程教学内容；课程设计中融入现场实地教学的方式；通过亲身体验产品使用情况牢固掌握专业知识。

四、课程目标

（一）总体目标

课程设置与校内的家具生产工艺课程相结合，更新教学理念和生产知识，并在后期的车间培训中深入掌握橱柜系统的生产方式和工艺技术。

（二）具体目标

1. 橱柜的风格

课程结束后，能通过不同的室内设计风格搭配相应的橱柜风格概念。

2. 木门的结构

课程结束后，能掌握常用的橱柜整体的功能搭配。

3. 木门的选材分类

（1）识别并说出面板的材料；

（2）分辨实木面板、复合面板以及饰面面板等；

（3）熟悉橱柜常用的五金件。

五、课程内容和要求

周次	课次	授课内容	讲课时数	课外作业及测验	实验实践	备注
第九周	1	一、橱柜的风格 　装修风格搭配： （一）现代风格 （二）乡村风格 （三）古典风格 （四）中式风格 （五）实用简约风格	12	综合考查 笔试：试卷	12	课堂教授

周次	课次	授课内容	讲课时数	课外作业及测验	实验实践	备注
第九周	1	二、橱柜的组成 　　包含单元柜、五金配件、台面 （一）地柜的工艺 （二）吊柜的工艺 （三）中高立柜的工艺 （四）柜子的结构工艺 （五）门板的结构工艺 （六）橱柜基础五金配件 （七）台面的材料与工艺 （八）橱柜的安装工艺 三、橱柜制造工艺 （一）柜身的生产流程 （二）面板的生产流程 （三）流水线生产设备 （四）包装运输与安装 四、实物现场分析 五、总结与互动	12	综合考查 笔试：试卷	12	课堂教授
		合计	12		12	

六、实施要求及建议

（一）师资要求

授课导师应具有家具设计生产的背景，有丰富的实际项目经验。熟悉企业家业生[1]培训的执行；了解家业生入职前的教育背景。

（二）考核要求

采用笔试、课堂表现考核。其中笔试占60%，课堂表现占40%。

（三）教材编写建议

结合专业背景，结合规范制度，编写既能满足学习需求又符合实施项目化教学要求的讲义。

（四）教学建议

以深入熟悉橱柜设计生产工艺为目标，尤其认识智能厨房与数字信息相结合的未来家具趋势，在内容安排上突出现场实物构建讲解，让学徒亲自体验产品的使用情况，通过一些以往的实际案例进行点评分析。

（五）课程资源开发与利用

1. 重视案例分析的方法应用，通过实物构建、五金件等作为课堂展示。

1　本书中"家业生"是指校企合作中的企业通过校园招聘进行统一培训的应届优秀大学生。"家业生"的培养是构建企业未来事业的主力军，是完成企业人才加速成长及人才梯队建设战略的重要一环。

2．编写教材与教材配套的试题、习题、考核评价表、教学案例和课件等教学资源。

3．建立网络资源共享平台，供实时查阅。

七、其他说明

教材与参考书。

教材：自编讲义。

现代学徒制家具艺术设计专业
"沟通技巧"课程标准

一、课程基本信息

课程名称	沟通技能				
适用专业	家具艺术设计	实施学期	4	总学时	24
项目类型	实践项目	项目性质	岗位能力培养	考核形式	考试
教研室	合作企业	撰写人		职称	

二、课程定位

（一）课程对应的岗位及其任务

家具设计是一个综合了设计、生产、销售的专业。任何一个企业的设计生产工作都是一个团队的工作，一件成功的家具产品也是分工的成果。认识沟通技巧在职场工作中的重要性，并掌握一些有效的沟通技巧能让将来的岗位工作事半功倍。在部门岗位中体现团队合作的能力，有效提高工作效率和推进工作进度。

（二）课程性质

企业岗位基础课。

（三）课程定位

企业是一个人才众多的组织机构，沟通是每个人表达自己的意见，并在团队中相互交流以得到最佳的方案。因此，在对学徒个人的专业素质培养的基础上，沟通的技巧也至关重要，如何将自己的设计方案跟部门团队进行有效表达，并能把自己的能力成果有效呈献出来，也是将来职业发展晋升的一个重要因素。

沟通技巧除了能把信息进行有效的传递之外，同时在职场中也是一个与人交流互动的手段，包括各种角色关系的处理，其中包含了很多微妙的沟通处理技巧。这些细节的处理关系到学徒将来在职场、社会中的职业发展。

三、课程设计思路

以职场岗位中的沟通案例为导向，通过一个项目在企业制造完成为案例，包括沟通的理论知识：沟通知识概述、沟通的定义及作用、沟通的重要性、沟通的类别、沟通的原理图；

分析各种职场中沟通不畅的失败案例，分析其中沟通障碍和沟通误解产生的原因，确定课程教学内容；课程内容包括沟通中信息传达的构架图，以及自我发现沟通不畅的原因；掌握语言艺术与工作中沟通技巧等。

四、课程目标

（一）总体目标

课程目标是使学徒在进入职场之前了解沟通的重要性，在工作中注意沟通的手段，并且遇到沟通不畅困难时学会分析反思总结经验教训。本课程是职业素质的技能课，但是沟通技巧是要不断学习和在工作社交中逐步积累的，本课程重在引导启发作用。

（二）具体目标

1．沟通的作用

了解沟通在工作中的积极作用。

2．沟通的理论知识

（1）熟悉掌握沟通的技巧分类；

（2）理解沟通的信息传递图解。

3．沟通不畅的分析

（1）从沟通渠道的角度来分析；

（2）从编码的角度来分析；

（3）从解码的角度来分析。

4．工作中的沟通技巧

（1）掌握下对上的沟通技巧；

（2）掌握同事间的平行沟通技巧。

五、课程内容和要求

周次	课次	授课内容	讲课时数	课外作业及测验	实验实践	备注
第九周	1	一、企业制造中心介绍 二、企业制造中心的现状与发展 （一）沟通的作用 　各种距离沟通在工作中的积极作用、提高工作效率。 （二）沟通的理论知识 　1．熟悉掌握沟通的技巧分类 　2．理解沟通的信息传递图解 （三）沟通不畅的分析 　1．从沟通渠道的角度来分析	16	综合考查 笔试：试卷	8	课堂教授

周次	课次	授课内容	讲课时数	课外作业及测验	实验实践	备注
第九周	1	2. 从编码的角度来分析 3. 从解码的角度来分析 （四）工作中的沟通技巧 1. 掌握下对上的沟通技巧 2. 掌握同事间的平行沟通技巧 总结与互动环节	16	综合考查 笔试：试卷	8	课堂教授
		合计	16		8	

六、实施要求及建议

（一）师资要求

授课导师应具有企业管理经验的背景，有丰富的人事交际培训经验。熟悉企业家业生培训的执行；了解家业生入职前的教育背景。

（二）考核要求

采用笔试、课堂表现考核。其中笔试占 60%，课堂表现占 40%。

（三）教材编写建议

结合专业背景，结合规范制度，编写既能满足专业学习需求又符合实施项目化教学要求的讲义。

（四）教学建议

本课程以培养职业沟通技巧为目标，在内容安排上突出分析具体的下级与上级沟通的具体案例，分析沟通过程中存在的问题；进行现场的测试，进行沟通技巧的训练讲解，提出教师自己的意见进行授课。

（五）课程资源开发与利用

1. 重视案例分析的方法应用，通过经典的影视作品片段案例作为课件。

2. 编写教材与教材配套的试题、习题、考核评价表、教学案例和课件等教学资源。

3. 建立网络资源共享平台，供实时查阅。

七、其他说明

教材与参考书。

教材：自编讲义。

参考文献

李雪松. 职场沟通执行技巧 [J]. 党建文汇月刊，2010.

现代学徒制家具艺术设计专业
"木门基础知识与工艺流程"课程标准

一、课程基本信息

课程名称	木门基础知识与工艺流程				
适用专业	家具艺术设计	实施学期	4	总学时	32
项目类型	实践项目	项目性质	岗位能力培养	考核形式	考查 + 考试
教研室	合作企业	撰写人		职称	

二、课程定位

（一）课程对应的岗位及其任务

家具设计包括室内家居的方方面面，门作为家具设计常用的结构，在所合作的家具企业作为五大事业部之一。本课程是家具设计岗位的核心专业工艺课之一，课程内容将与学校的家具工艺课相搭配，使在校学习的专业理论知识在企业中进一步验证与更新。并且在后期的车间培训中对木门的生产工艺得到深入掌握。

（二）课程性质

企业岗位实践课。

（三）课程定位

企业中的设计工艺课程根据五大事业部的生产门类进行划分，内容涉及将来学徒所从事的设计领域。使学徒详细掌握木门事业部生产的产品种类，生产的能力，以及不同场所需求的木门的设计要点、材料、五金件、设计风格等。

本课程前与学校的"家具生产工艺"课的理论知识相接，后与"车间实践培训"的生产实地参与相续，起到承前启后的课程衔接，成为一个从理论到实践过渡的知识—技能课程体系。

三、课程设计思路

以满足市场的木门设计生产为导向，通过一个项目在企业制造完成的案例，包括门功能的设计：尺寸、使用材料、五金件的选择，到最后安装的各个细节；分析不同设计生产阶段所要考虑的要素，讨论其中出现设计困难点的原因，以此内容确定课程教学内容；课程设计中融入现场实地教学的方式。

四、课程目标

（一）总体目标

课程目标是使学徒能将其与校内的家具工艺课相搭配，将学校课程的理论知识在企业中进一步验证与更新，并且在后期的车间培训中对木门的生产工艺得到深入掌握。

（二）具体目标

1. 木门的功能

课程结束后，能通过不同的场景分析木门的功能需求概念。

2. 木门的结构

课程结束后，能掌握常用的木门结构，并说出结构名称。

3. 木门的选材分类

（1）识别并说出木门的材料；

（2）分辨实木门和复合木门以及饰面木门等；

（3）熟悉木门常用的五金件。

五、课程内容和要求

周次	课次	授课内容	讲课时数	课外作业及测验	实验实践	备注
第九周	1	一、门的设计基础知识 　　门的分类：入户门、卧房门、书房门、厨房门、卫浴门（家居门）。 二、门的基本结构 　　木门包含门扇、门套、门套线及安装配件。 （一）门扇工艺 （二）门套工艺 （三）门套线工艺 （四）安装配件与工艺 三、木门设计基础 （一）实木门（纯实木） （二）实木复合门（含人造板） （三）防火门（防火标准） （四）模压门 四、按门口类型分类 （一）平口门 （二）T形口门 五、木门的常用材料 （一）实木类 （二）复合木 （三）PVC	16	笔试：试卷	16	课堂教授

周次	课次	授课内容	讲课时数	课外作业及测验	实验实践	备注
第九周	2	六、木门功能五金 （一）合页分类 （二）门锁分类 （三）其他 七、实物现场分析 八、总结与互动	16	笔试：试卷	16	课堂教授
		合计	16		16	

六、实施要求及建议

（一）师资要求

授课导师应具有家具设计生产的背景，有丰富的实际项目经验。熟悉企业家业生培训的执行；了解家业生入职前的教育背景。

（二）考核要求

采用笔试、课堂表现考核。其中笔试占 60%，课堂表现占 40%。

（三）教材编写建议

结合专业背景，结合规范制度，编写既能满足学员学习需求又符合实施项目化教学要求的讲义。

（四）教学建议

本课程以深入熟悉木门设计生产工艺为目标。木门的机构工艺有一定复杂性，在内容安排上突出现场实物构建讲解，以亲身体验产品使用情况为基础，对实际案例进行点评分析。

（五）课程资源开发与利用

1. 重视案例分析的方法应用，通过经典的影视作品片段案例作为课件。

2. 编写教材与教材配套的试题、习题、考核评价表、教学案例和课件等教学资源。

3. 建立网络资源共享平台，供实时查阅。

七、其他说明

教材与参考书。

教材：自编讲义。

现代学徒制家具艺术设计专业
"行政规章制度"课程标准

一、课程基本信息

课程名称	企业行政规章制度				
适用专业	家具艺术设计	实施学期	4	总学时	16
项目类型	理论课程	项目性质	岗位能力培养	考核形式	考查＋考试
教研室	合作企业	撰写人		职称	

二、课程定位

（一）课程对应的岗位及其任务

企业是一个高效运转的大系统，学徒进入企业的活动安排是一个融入企业大家庭的过程，也会影响到企业的方方面面，因此企业规章制度是学徒到企业的活动行为守则。行政规章制度帮助家业生了解现代家具家居的文化和管理风格；帮助家业生更快地进入角色，尽快地与公司融为一体；掌握规章制度这个工具，帮助学徒在企业能更高效地开展自己的工作。

（二）课程性质

企业岗位基础课。

（三）课程定位

企业管理制度是实现企业目标的有力措施和手段，企业要发展，必定离不开这些制度来规范我们朝着同一个方向行走。这也是提升自我和提升公司的必然途径。

企业管理制度是以经济制度为基础、以行政制度为表现形式、以法律制度为准绳的制度综合体。

企业制度好比是国家的交通规则，大家必须严格遵守，才能保证道路的畅通和安全。行政规章制度是其中之一。

三、课程设计思路

以案例项目为导向，突出案例过程分析，以行政规章制度为载体，分析安全管理、后勤管理、综合事务管理各个部分的内容确定课程定位；分析职业岗位中涉及行政制度的关联性，确定课程教学内容；课程内容包括宿舍区与厂区的安全管理，公司工作的行为规范；后勤管理的住宿与伙食福利，职工的生活福利；以及职工交通对外接待等相关问题。

四、课程目标

（一）总体目标

进入企业培训的学徒应了解工作生活中的企业行政规章制度。本课程是员工入职后在企业活动的行动要求指南。

（二）具体目标

1. 行政规章制度——安全管理

（1）公司员工；

（2）外来人员；

（3）车辆；

（4）物品的查验及放行。

2. 行政规章制度

（1）后勤管理；

（2）伙食补贴；

（3）业务或工作需要邀请客户、来访人员或应聘人员规定；

（4）宿舍区住宿规定。

3. 行政规章制度——综合事务管理

（1）职工活动中心；

（2）交通用车；

（3）车辆停放；

（4）员工调查。

五、课程内容和要求

周次	课次	授课内容	讲课时数	课外作业及测验	实验实践	备注
第九周	1	一、企业行政规章制度的重要性 二、企业行政规章制度的主要内容 （一）行政规章制度——安全管理 （二）行政规章制度——后勤管理 （三）业务或工作需要邀请客户、来访人员或应聘人员管理 （四）综合事务管理 三、总结与互动	12	笔试：试卷	4	课堂教授
		合计	12		4	

六、实施要求及建议

（一）师资要求

授课导师应具有企业人事管理丰富经验的背景，有多年人力资源管理经验。熟悉企业行政规章制度的执行；熟悉家业生入职前的教育背景。

（二）考核要求

采用笔试、课堂表现考核。其中笔试占 60%，课堂表现占 40%。

（三）教材编写建议

结合专业背景，结合规范制度，编写既能满足学员学习需求又符合实施项目化教学要求的讲义。

（四）教学建议

本课程以快速高效熟悉企业的行政管理制度为目的，在内容安排上突出案例分析行政规章适度中的每一条要求，规章制度的内容比较枯燥乏味，应通过有趣鲜明的图片与案例进行授课。

（五）课程资源开发与利用

1. 重视人体心理分析知识和用户调查方法应用，开发校本教材。

2. 编写教材与教材配套的试题、习题、考核评价表、教学案例和课件等教学资源。

3. 建立网络资源共享平台，供实时查阅。

七、其他说明

教材与参考书。

教材：自编讲义。

参考文献

企业行政规章制度[EB/OL].

现代学徒制家具艺术设计专业
"企业制造中心介绍"课程标准

一、课程基本信息

课程名称	企业制造中心介绍				
适用专业	家具艺术设计	实施学期	4	总学时	16
项目类型	理论课程	项目性质	岗位能力培养	考核形式	考试
教研室	合作企业	撰写人		职称	

二、课程定位

（一）课程对应的岗位及其任务

家具设计是一个综合了设计、生产、销售的专业。生产制造能力体现了一个企业的硬实力。通过制造中心的介绍使学徒对家具行业的制造得到宏观认识和了解，将书本的理论知识在生产一线的企业中得到梳理和验证，同时企业的制造实力得到展现，使其在未来的工作中充满信心和进步动力，并更好地开展自己的工作。

（二）课程性质

企业岗位基础课。

（三）课程定位

企业的生产品部门是企业的硬件，也是家具设计专业校企合作办学的优势互补，家具设计专业学徒在企业中能够接触到最新的生产设备以及新的工业制造理念，感受未来制造业的发展趋势；制造中心的分工介绍能够让学徒对企业的制造部门分工得到充分认识和了解，为接下来深入车间岗位实践打下基础；企业的制造中心是一个大型的分工部门，包括从低到高不同的岗位职别，通过详细的分工与职责管理介绍可以使学徒认识各生产部门的发展晋升前景。

三、课程设计思路

以企业制造中心的功能分别为导向，通过一个项目在企业制造完成为案例，分析木门、实木、橱柜等各个事业部的生产流程；分析各个不同生产事业部之间的关联性，确定课程教学内容；课程内容包括制造中心的组织构架，制造中心的生产能力；生产设备，制造中心未来的发展目标；以及与学徒相关的入车间培训计划和要求等。

四、课程目标

（一）总体目标

使进入企业制造中心培训的学徒了解制造中心的情况，如制造中心未来发展趋势、车间培训的要求等。本课程介绍的制造中心是企业中与专业知识最相关的一个部门，通过课程使学徒加深对家具生产要素的认识。

（二）具体目标

1. 制造中心的组织框架

熟悉制造中心的部门职责。

2. 制造中心的生产能力

（1）了解制造中心事业部生产的家具分类；

（2）能识别在制造中心中机器设备的大概功能。

3. 制造中心顺应未来趋势——工业化 4.0

（1）熟悉工业化 4.0 的概念；

（2）了解企业自动化改造；

（3）了解企业对自动化生产人才需求。

4. 家业生培训制度

（1）熟悉安全管理制度；

（2）熟悉培训发奋制度；

（3）了解质量管理制度。

五、课程内容和要求

周次	课次	授课内容	讲课时数	课外作业及测验	实验实践	备注
第九周	1	一、企业制造中心介绍 二、企业制造中心的现状与发展 （一）制造中心的组织框架 　1. 事业部分工 　2. 职能部门 （二）制造中心的生产能力 　1. 生产的家具分类 　2. 生产的能力产值 　3. 先进生产设备 　4. 未来发展目标 （三）制造中心顺应未来趋势——工业化 4.0 　1. 工业化 4.0 的概念 　2. 企业自动化改造 　3. 企业自动化生产人才需求	16	笔试：试卷	0	课堂教授

周次	课次	授课内容	讲课时数	课外作业及测验	实验实践	备注
第九周	1	（四）家业生培训制度 1. 安全管理制度 2. 培训发奋制度 3. 质量管理制度 三、总结与互动	16	笔试：试卷	0	课堂教授
		合计	16		0	

六、实施要求及建议

（一）师资要求

授课导师应具有企业制造中心丰富生产管理经验的背景，有多年从事家具生产管理经验。熟悉企业车间培训的执行；了解家业生入职前的教育背景。

（二）考核要求

采用笔试、课堂表现考核。其中笔试占 60%，课堂表现占 40%。

（三）教材编写建议

结合专业背景，结合规范制度，编写既能满足学员学习需求又符合实施项目化教学要求的讲义。

（四）教学建议

本课程以让进入企业的学徒熟悉企业核心部门——制造中心的具体情况为目标，在内容安排上突出具体家具生产案例分析，一个套间中不同家具家居产品在制造中心的生产流程，制造流程的结构逻辑性比较强，应通过家具结构的图片与图示进行授课，以激发学习兴趣。

（五）课程资源开发与利用

1. 重视图示展示家具结构逻辑的方法应用，开发动画课件。

2. 编写教材与教材配套的试题、习题、考核评价表、教学案例和课件等教学资源。

3. 建立网络资源共享平台，供实时查阅。

七、其他说明

教材与参考书。

教材：自编讲义。

现代学徒制家具艺术设计专业
"强化木地板知识"课程标准

一、课程基本信息

课程名称	强化木地板知识（基础篇）				
适用专业	家具艺术设计	实施学期	4	总学时	32
项目类型	实践项目	项目性质	岗位能力培养	考核形式	考试
教研室	合作企业	撰写人		职称	

二、课程定位

（一）课程对应的岗位及其任务

家具设计包括室内家居的方方面面，木地板类作为精装房的重要部分，在所合作的家具企业为五大事业部之一。本课程是家具设计岗位的核心专业工艺课之一，课程内容将与学校的家具工艺课相搭配，使学徒的在校理论知识在企业中进一步验证与更新。并且在后期的车间培训中对木地板的生产工艺得到深入掌握。

（二）课程性质

企业岗位实践课。

（三）课程定位

本课程要求详细掌握企业事业部生产的产品种类，生产的能力，以及木地板系统中的不同组成部分，包括木地板的风格、木地板的组成部分、木地板的生产工艺等。本课程前与学校"家具生产工艺"课的理论知识衔接，后与"车间实践培训"的生产实地参与相续，起到承前启后的课程衔接，成为一个从理论到实践过渡的知识—技能课程体系。

三、课程设计思路

现代家具木地板形成了庞大的产业市场，符合装配式定制一体化的发展趋势，通过一个项目在企业制造完成为案例，包括木地板功能面板：风格、基材材料、五金件的选择，到最后安装的各个细节；分析不同设计生产阶段所要考虑的要素，讨论其中出现设计困难点的原因，以此内容确定课程教学内容；课程设计中融入现场实地教学的方式；通过亲身体验产品使用情况熟练掌握专业知识。

四、课程目标

（一）总体目标

本课程结合校内的家具工艺课程理论，进一步更新和验证企业木地板生产加工技术，在后期车间培训环境中得到充分实践锻炼，掌握木地板生产工艺的综合应用知识。

（二）具体目标

1. 木地板的风格

课程结束后，能通过不同的室内设计风格的搭配相应的木地板风格概念。

2. 木地板的结构

课程结束后，能掌握常用的木地板类整体的功能搭配。

（三）木地板的选材分类与工艺

1. 识别并说出面板的材料与工艺。

2. 分辨实木面板和复合面板以及饰面面板等。

3. 熟悉木地板常用的五金件。

五、课程内容和要求

周次	课次	授课内容	讲课时数	课外作业及测验	实验实践	备注
第十周	4	一、地板的分类 （一）实木地板 （二）面板类型 （三）强化地板 （四）软木地板 二、强化木地板的结构组成 （一）基材 （二）装饰纸 （三）平衡纸 三、强化木地板的特点 （一）超强耐磨性能 （二）防潮性能 （三）简便的安装 （四）装饰性更加丰富 （五）铺装整体效果 四、木地板生产流程 （一）生产流水（12道工序） （二）质检方法 （三）国家标准 （四）安装与维护保养 五、实物现场分析 六、总结与互动	24	综合考查 笔试：试卷	8	课堂教授
		合计	24		8	

六、实施要求及建议

（一）师资要求

授课导师应具有家具设计生产的背景，有丰富的实际项目经验。熟悉企业家业生培训的执行；了解家业生入职前的教育背景。

（二）考核要求

采用笔试、课堂表现考核。其中笔试占 60%，课堂表现占 40%。

（三）教材编写建议

结合专业背景，结合规范制度，编写既能满足学员学习需求又符合实施项目化教学要求的讲义。

（四）教学建议

本课程以让进入企业的学徒深入熟悉木地板设计生产工艺为目标，智能厨房是一个与数字信息相结合的未来家具趋势，在内容安排上突出现场实物构建讲解，让学徒亲自体验产品的使用情况，通过一些以往的实际案例进行点评分析。多讲解容易犯设计错误的细节引起学徒的重视。

（五）课程资源开发与利用

1. 重视案例分析的方法应用，通过木地板合成结构、安装技术要点等作为课堂展示环节。

2. 编写教材与教材配套的试题、习题、考核评价表、教学案例和课件等教学资源。

3. 建立网络资源共享平台，供实时查阅。

七、其他说明

教材与参考书。

教材：自编讲义。

现代学徒制家具艺术设计专业
"收纳厂生产技术"课程标准

一、课程基本信息

课程名称	收纳厂生产技术知识				
适用专业	家具艺术设计	实施学期	4	总学时	24
项目类型	实践项目	项目性质	岗位能力培养	考核形式	考查＋考试
教研室	合作企业	撰写人		职称	

二、课程定位

（一）课程对应的岗位及其任务

家具设计包括室内家居的方方面面，卫浴柜类作为室内精装设计的重要部分，在所合作的家居企业中为五大事业部之一。本课程是家具设计岗位的核心专业工艺课之一，课程内容将与学校的家具工艺课相搭配，使在校所学的理论知识在企业中进一步验证与更新。并且在后期的车间培训中对浴室柜的生产工艺得到深入掌握。

（二）课程性质

企业岗位实践课。

（三）课程定位

企业中的设计工艺课程根据五大事业部的生产门类进行划分，内容涉及将来学徒所从事的设计领域。本课程要求详细掌握收纳事业部生产的产品种类，生产的能力，以及浴室柜系统中的不同组成部分，包括浴室柜的风格、浴室柜的组成部分、浴室柜的生产工艺等。

本课程前与学校的"家具生产工艺"课的理论知识相接，后与"车间实践培训"的生产实地参与相续，起到承前启后的课程衔接，成为一个从理论到实践过渡的知识—技能课程体系。

三、课程设计思路

现代家庭浴室柜形成了庞大的产业市场，并有着智能厨房家电一体化的发展趋势，课程通过一个项目在企业制造完成为案例，包括浴室柜功能的设计：尺寸、使用材料、五金件的选择，到最后安装的各个细节；分析不同设计生产阶段所要考虑的要素，讨论其中出现设计困难点的原因，以此内容来确定课程教学内容；课程设计中融入现场实地教学的方式；通过亲身体验产品使用的情况让其对知识的掌握更加深刻。

四、课程目标

（一）总体目标

课程旨在与学校的家具工艺课相搭配，把学校课程的理论知识在企业实践中进一步验证与更新。并且在后期的车间培训中对浴室柜的生产工艺得到深入掌握。

（二）具体目标

1．浴室柜的风格

课程结束后，能通过不同的室内设计风格来搭配相应的卫浴风格。

2.浴室柜的结构

课程结束后，能掌握常用的卫浴柜类整体的功能结构。

3．浴室柜的选材分类与工艺

（1）识别并说出面板的材料与工艺。

（2）分辨实木面板和复合面板以及饰面面板等。

（3）熟悉浴室柜常用的五金件。

五、课程内容和要求

周次	课次	授课内容	讲课时数	课外作业及测验	实验实践	备注
第十周	4	收纳事业部简介 合作卫浴独立品牌——杰纳斯厨卫系列。 一、卫浴产品简介与分类 （一）免漆卫浴 （二）油漆卫浴 （三）面板类型 （四）基材类型 （五）封边条类型 二、卫浴加工及工艺作业流程 （一）卫浴常见结构 （二）浴室镜常见结构 （三）组框门板加工流程 三、生产基础认识 （一）开料 　1．开料设备；2．作业程序； 　3．安全注意事项；4．保养规范。 （二）封边 　1．封边设备；2．作业程序； 　3．安全注意事项；4．保养规范。 （三）打孔 　1．排钻设备；2．作业程序； 　3．安全注意事项；4．保养规范。	18	综合考查 笔试：试卷	6	课堂教授

周次	课次	授课内容	讲课时数	课外作业及测验	实验实践	备注
第十周	4	（四）面板吸塑 　1. 真空吸塑机；2. 作业程序； 　3. 安全注意事项；4. 保养规范。 （五）面板镂铣装饰槽 　1. 数空镂铣机；2. 作业程序； 　3. 安全注意事项；4. 保养规范。 （六）质检 （七）试装 （八）包装 四、实物现场分析 五、总结与互动	18	综合考查 笔试：试卷	6	课堂教授
		合计	18		6	

六、实施要求及建议

（一）师资要求

授课导师应具有家具设计生产的背景，有丰富的实际项目经验。熟悉企业家业生培训的执行；了解家业生入职前的教育背景。

（二）考核要求

采用笔试、课堂表现考核。其中笔试占 60%，课堂表现占 40%。

（三）教材编写建议

结合专业背景，结合规范制度，编写既能满足学员学习需求又符合实施项目化教学要求的讲义。

（四）教学建议

本课程以让进入企业的学徒深入熟悉浴室柜设计生产工艺为目标，智能家居是一个与数字信息相结合的未来家具趋势，在内容安排上突出现场实物构建讲解，并让学徒亲自体验产品的使用情况，通过一些以往的实际案例进行点评分析。

（五）课程资源开发与利用

1. 重视案例分析的方法应用，通过实物构建、五金件等作为课堂展示。

2. 编写教材与教材配套的试题、习题、考核评价表、教学案例和课件等教学资源。

3. 建立网络资源共享平台，供实时查阅。

七、其他说明

教材与参考书。

教材：自编讲义。

现代学徒制家具艺术设计专业
"职业形象与商务礼仪"课程标准

一、课程基本信息

课程名称	职业形象与商务礼仪				
适用专业	家具艺术设计	实施学期	4	总学时	32
项目类型	实践项目	项目性质	岗位能力培养	考核形式	考查＋考试
教研室	合作企业	撰写人		职称	

二、课程定位

（一）课程对应的岗位及其任务

家具设计是一个综合了设计、生产、销售的专业。任何一个企业的设计生产工作都是一个团队的工作，一件成功的家具产品也是团队合作的成果。职业形象与商务礼仪这门课是让学徒了解礼仪形象在职场工作中的重要性，并掌握一些得体的礼仪技巧，能让将来的岗位工作公务接待中表现得当、避免尴尬。在部门岗位中可以有效体现团队合作的能力，提高工作效率，推进工作进度。

（二）课程性质

企业岗位基础课。

（三）课程地位

在进入职场中会参与到不同的商务场合，在商务活动中，为了体现相互尊重，需要通过一些行为准则去约束人们行为的各个方面，包括仪表礼仪、言谈举止、书信来往、电话沟通等技巧，根据商务活动的场合不同又可以分为办公礼仪、宴会礼仪、迎宾礼仪等。

商务礼仪的学习有助于提高个人的素质，作为企业员工的个人素质是一种个人修养及其表现。如在外人面前不吸烟、不在大庭广众前喧哗。

商务礼仪知识共享礼仪是人际交往的艺术，教养体现细节，细节展现素质，愿此门社交礼仪知识课程能帮助学徒提高自身修养。这些细节的处理关系到学徒将来在职场、社会中的职业发展。

三、课程设计思路

以职场岗位中商务场合的礼仪应用为导向，通过一个项目在企业制造完成为案例，包括礼仪的理论知识：商务着装、商务用语、商务来往、商务用餐需要注意的礼仪细节；分析各种职场中不恰当的"失礼"案例，分析其中沟通障碍和沟通误解产生的原因，确定课程教学内容；课程内容包括沟通中信息传达的构架图，以及自我发现沟通不畅的原因；提高语言艺术与工作中沟通技巧等。

四、课程目标

（一）总体目标

在进入职场之前了解基本的商务礼仪，在商务交往中注意必要的礼仪礼貌，提高个人基本素质与在客户面前的形象。

（二）具体目标

1. 商务交往的基本礼仪

课程结束后，掌握商务交往中基本礼仪。

2. 沟通的理论知识

课程结束一周，能在商务交往中运用基本礼仪。

3. 沟通不畅的分析

（1）课程结束后，提升工作中人际交往技巧；

（2）从编码的角度来分析；

（3）从解码的角度来分析。

4. 工作中的沟通技巧

（1）掌握下对上的沟通技巧；

（2）掌握同事间的平行沟通技巧。

五、课程内容和要求（教学计划）

周次	课次	授课内容	讲课时数	课外作业及测验	实验实践	备注
第八周	1	一、企业制造中心介绍 二、企业制造中心的现状与发展 （一）商务礼仪的概念 礼仪的本质就是尊重。商务礼仪是在商务活动中体现相互尊重的行为准则。 （二）商务着装 　1. 穿着西装 　2. 职业女装解析 　3. 修饰仪表 　4. 商务着装的原则规范 （三）商务仪态 　1. 走路仪态（训练） 　2. 站的仪态（训练） 　3. 坐、蹲的仪态（训练） 　4. 商务用语 　（1）交谈用语 　（2）电话用语 　（3）商务用语的忌讳	16	笔试：试卷 仪态的训练： 走、站、蹲、坐	0	课堂教授

周次	课次	授课内容	讲课时数	课外作业及测验	实验实践	备注
第八周	1	5. 商务交往 （1）会面礼仪 （2）称呼礼仪 （3）介绍礼仪 （4）商务就座礼仪 （5）礼品礼仪	16	笔试：试卷 仪态的训练： 走、站、蹲、坐	0	课堂教授
第九周	2	6. 商务就餐礼仪 （1）中餐礼仪 （2）外宾西餐礼仪 （3）餐桌上的禁忌 三、总结与互动	0		16	
		合计	16		16	

六、实施要求及建议

（一）师资要求

授课导师应具有企业管理经验的背景，有丰富的人事交际培训经验。熟悉企业家业生培训的执行；了解家业生入职前的教育背景。

（二）考核要求

采用笔试、课堂表现考核。其中笔试占 60%，课堂表现占 40%。

（三）教材编写建议

结合专业背景，结合规范制度，编写既能满足学徒学习需求又符合实施项目化教学要求的讲义。

（四）教学建议

本课程以让进入企业的学徒熟悉职场商务基本的礼仪为目标，岗位员工的礼仪代表了企业与个人的素质体现，在内容安排上突出现场亲身示范和训练点评，通过一些视频形式的影视作品案例片段进行点评分析。能够在容易犯错的礼仪细节引起重视。

（五）课程资源开发与利用

1. 重视案例分析的方法应用，通过经典的影视作品片段案例作为课件。

2. 编写教材与教材配套的试题、习题、考核评价表、教学案例和课件等教学资源。

3. 建立网络资源共享平台，供实时查阅。

七、其他说明

教材与参考书。

教材：自编讲义。

现代学徒制
家具艺术设计专业核心课程标准

（"厂中校"模式—学校核心课程）

现代学徒制家具艺术设计专业
"家具涂料与涂装设计"课程标准

开课系部：艺术设计系		所属专业：家具艺术设计	
课程代码：	总学时：48		学分：3

一、课程性质与定位

（一）课程性质

专业必修课。

（二）课程对应的岗位及其任务

家具设计是一个既要求理论知识又要具备实践设计能力的岗位，岗位知识除了涉及家具造型设计外，还要具备家具制造工艺的相关知识，包括家具的表面涂料涂装，因此，家具设计师掌握家具涂装与涂装工艺知识是从事家具设计行业所必须要求的内容。"家具涂料与涂装技术"课程内容主要包括家具涂料的市场行情与发展趋势、家具涂装的分类、实木家具涂装实践等，课程旨在培养学徒了解家具涂料与涂装工艺技术，并针对具体家具设计选用不同的涂装工艺，掌握基础涂装操作的实践能力。

（三）课程定位

本课程是家具艺术设计专业的专业实务课程，是家具设计中的实务操作课之一。依照家具行业主流的涂装工艺与涂装发展趋势，通过与校企合作企业的涂装车间联系，了解家具中常用的涂料与涂装工艺等基础知识，掌握涂料分类与涂装工艺流程理论知识，以及不同涂装工艺的优劣性，有助于在家具设计实践中选用合适的涂装方式对家具进行装饰。

在课程体系中，该课程与家具材料识别与应用学、家具结构工艺等相辅相成，成为家具设计专业实务课程之一，与后续的家具项目设计等综合设计实践课程承前启后，课程具有综合性、实践性的特点，是家具设计专业的核心课程及特色课程。

二、课程设计思路

以实操项目为导向，突出涂装操作应用能力的培养为主线，以家具设计方案为载体，分析不同实木家具涂装的工艺流程的知识，确定课程定位；分析职业岗位的对涂装的任务要求，确定课程教学内容；课程内容包括 5 章理论知识，一个涂装实践项目；将家具设计师的常用涂料知识、涂装工艺技术和涂装操作实践能力，与企业设计岗位需求紧密对接，序化教学内容；校企共研教学方法和教学手段，构建新的课程质量评价标准。

三、课程目标

了解涂料涂装与家具产品的重要关系性，掌握不同种类涂料特性基础知识与各种涂装工艺的应用方法。在具体家具设计实践中，运用涂料与涂装的知识，辅助家具设计达到更好的设计使用效果。

四、课程内容与要求

课次	授课内容	讲课时数	要求
1	一、涂料与涂装技术概述 1. 涂装课在家具设计专业中的定位 2. 涂装在家具设计生产的意义	5	了解涂料与家具设计的关系与家具生产的成本关系
2	二、家具色彩设计的基本知识 1. 色彩的多样性与重要性 2. 色彩基本要 3. 色彩视觉效应及其应用 4. 色彩的调配 5. 色彩的行业标准规范	4	作业：色彩与家具之间的关系
3	三、涂料的组成 1. 涂料的组成与分类 2. 主要成膜物质 3. 颜料 4. 染料 5. 溶剂 6. 助剂	5	熟悉涂料的组成与化学特性，包括施工安全相关的知识

课次	授课内容	讲课时数	要求
4	四、家具常用涂料 （一）常用传统涂料 　1. 油脂涂料 　2. 油基涂料 　3. 虫胶涂料 　4. 天然漆	4	了解传统天然涂料的种类并能熟悉涂料特性
5	（二）行业主流涂料 　1. 酚醛树脂涂料 　2. 醇酸树脂涂料 　3. 硝基涂料 　4. 过氯乙烯树脂涂料 　5. 丙烯酸树脂涂料 　6. 聚氨酯树脂涂料 　7. 氨基树脂涂料 　8. 环氧树脂涂料 　9. 不饱和聚酯漆	5	了解市场上不同的化工涂料并能熟悉涂料特性
6	五、涂饰工艺（透明涂装） 　1. 透明涂饰的技术要求 　2. 涂层固化技术 　3. 涂膜表面修整 　4. 透明涂饰工艺	3	家具成品涂装考察参观
7	六、涂膜质量检测 　1. 涂饰常见缺陷及其修复 　2. 家具涂膜质量标准 　3. 涂膜理化性能检测	2	课堂实践：刷涂涂料样板分析涂装质量
8	七、涂装实践	20	实木家具涂装综合实践： 1. 封闭涂装 2. 半开放涂装 3. 修色补瑕疵

五、课程实施的建议

（一）教学方法

讲授法、演示法、任务驱动法。

（二）师资条件

学校导师应具有设计专业教育背景，熟悉家具行业标准的知识，具有一定项目设计实践经验，熟悉涂料与涂装工艺流程，熟悉课程教学内容及企业岗位工作任务和工作过程；企业导师应掌握涂料与涂装实践操作的具体内容及要求，熟悉家具行业涂装市场趋势。

（三）教学条件

多媒体教室、喷涂实验室、标准家具喷涂车间。

（四）教学资源

1. 教材选用

《家具涂料与实用涂装技术》，2013 年中国轻工业出版社出版，作者：戴信友。

2. 课程教学资源

资源类型	数量	制作时间
课堂案例	4 章	2016 年 7 月
涂料样品	5 种	
涂装工具	3 种 5 套	

六、课程考核

课程考核评价体系中，实现全程化、多元化考核。

课程的总评成绩＝平时学习态度考核占 20%＋过程考核占 20%＋结课实操任务考核占 60%。

（一）平时学习态度考核。

考核是否有迟到、旷课、早退，课堂是否听课，是否积极主动学习等行为，可评定为优、良、中、及格、不及格五个等级。

（二）过程性考核。

考核课堂作业、课后作业、课堂提问、回答问题，可评定为优、良、中、及格、不及格五个等级。

（三）结课实操任务考查。

制定综合喷涂任务实操作业。

现代学徒制家具艺术设计专业
"计算机效果图制作"课程标准

开课系部：艺术设计系	所属专业：家具艺术设计	
课程代码：	总学时：80	学分：4

一、课程性质与定位

（一）课程性质

专业必修课。

（二）课程对应的岗位及其任务

家具设计是一个既要求内在设计思维又要求外在设计表达的设计岗位，岗位的设计表达能力除了具备手绘效果图外，还要具备计算机软件效果图制作的相关能力。因此，家具设计师掌握应用设计软件制作家具效果图是从事家具设计行业所必需的内容。"计算机效果图制作"课程内容主要包括了解行业内常用软件、3ds MAX 软件的常用操作及建模等，课程旨在培养学徒了解家具设计效果图的制作与视觉表达，掌握高效制作家具效果图的实践能力。

（三）课程定位

本课程是家具艺术设计专业的设计表达课程，是家具设计中的设计表达课之一。依照家具行业主流的效果图制作行业要求，通过与企业岗位的效果图工作室的联系，了解家具中常用的效果图制作流程等基础知识，掌握效果图软件以及效果图理论知识，以及不同软件与方法应用的优劣性，有助于在家具设计实践中快速用软件对家具进行效果图表现。

在课程体系中，该课程与家具 Auto CAD 绘图、家具模型制作、手绘效果图等课程相辅相成，成为家具设计专业表达课程之一，与后续的家具项目设计等综合设计实践课程承前启后，课程具有综合性、实践性的特点，是家具设计专业的核心课程及特色课程。

二、课程设计思路

以实操项目为导向，突出培养软件操作应用能力为主线，以家具设计方案为载体，分析不同家具造型的效果图制作流程，确定课程定位；分析家具设计师对计算机效果图的任务要求，确定课程教学内容；课程内容包括 3ds MAX 软件与相关插件的知识，企业效果图实践项目；将家具设计师的效果图制作软件操作实践能力，与企业设计岗位需求紧密对接，序化教学内容；校企共研教学方法和教学手段，构建新的课程质量评价标准。

三、课程目标

了解软件效果图表达与家具设计的重要关系，掌握针对不同类型家具的效果图制作方法。在具体家具设计实践中，运用 3D 效果图制作技术，辅助家具设计实现虚拟的照片级效果表现。

四、课程内容与要求

课次	授课内容	讲课时数	要求
1	一、计算机效果图概述 1. 环境艺术设计专业中电脑效果图的作用 2. 3ds MAX 及各类效果图设计软件概述 3. 3D 效果图制作流程 4. 3ds MAX 2010 安装	5	作业：安装 3ds MAX 2010
2	二、3ds MAX 的基本操作 1 1. 工作界面 2. 创建对象 3. 选择、移动、旋转、缩放 4. 练习创建简单模型	5	作业：创建室内空间中的墙体、柱子
3	三、3ds MAX 的基本操作 2 1. 坐标系统 2. 对齐、镜像、阵列 3. 创建基本三维几何体、二维平面图形	10	作业：简单钢管家具
4	四、3ds MAX 修改面板命令 1. 挤压、倒角、倒角剖面、壳、车削 2. 应用修改面板命令制作家具模型	10	作业：家具建模 1 件
5	五、3ds MAX 复合对象创建 1. 布尔命令 2. 放样命令 3. 应用复合对象制作规则复杂模型	10	作业：软装饰摆设建模 1 件
6	六、3ds MAX 编辑多边形 1. 多边形建模方法点、线、面的概念 2. 编辑多边形命令 3. 利用多边形命令制作不规则模型	10	作业：软体家具建模
7	七、家具效果图实践 结合项目案例要求，建模，渲染，出效果图	25	结课作业：完成室内效果图渲染出图
8	八、室内效果图制作案例训练 1. 学习简单 V-Ray 渲染器设置 2. 选一简单室内图纸创建空间模型 3. 利用之前练习作业创建的家具、软装饰摆设、灯具模型渲染效果图	5	作业：家具搭配室内展示场景

五、课程实施的建议

（一）教学方法

讲授法、演示法、任务驱动法。

（二）师资条件

学校导师应具有设计专业教育背景，熟练掌握多款市面常用计算机效果图软件，具有一定项目设计实践经验，熟悉 3D 效果图制作流程，熟悉课程教学内容及企业岗位工作任务和工作过程；企业导师应掌握高效制作效果图的实践操作的具体内容及要求，熟悉家具行业计算机效果图发展趋势。

（三）教学条件

电脑机房教室、相关设计软件、教学软件。

（四）教学资源

1. 教材选用

《3ds MAX 2012 实战》，2013 年北京邮电出版社出版。

2. 课程教学资源

资源类型	数量	制作时间
3D 建模教案	7 个	2016 年 7 月
材质贴图	10 类，3GB	

六、课程考核

课程考核评价体系中，实现全程化、多元化考核。

课程的总评成绩 = 平时学习态度考核占 20%+ 过程考核占 20%+ 结课作业考核占 60%。

（一）平时学习态度考核。

考核是否有迟到、旷课、早退、课堂是否听课、是否积极主动学习等行为，可评定为优、良、中、及格、不及格五个等级。

（二）过程性考核。

考核课堂作业、课后作业、课堂提问、回答问题，可评定为优、良、中、及格、不及格五个等级。

（三）结课作业考查。

制定综合任务实操作业

现代学徒制家具艺术设计专业
"人体工程学"课程标准

开课系部: 艺术设计系		所属专业: 家具艺术设计	
课程代码:	总学时: 16		学分: 1.5

一、课程性质与定位

（一）课程性质

专业必修课。

（二）课程对应的岗位及其任务

家具设计是一个交叉学科很强的设计岗位，岗位知识除了涉及家具造型的美观性与家具制造工艺外，还要具备系统分析家具用户人群的相关知识，因此，家具设计师掌握对设计目标用户的综合分析能力是从事家具设计行业所必须要求的内容。"人体工程学"课程内容主要包括人体与家具测量尺寸、用户行为习性特征、用户调查问卷等，课程旨在培养学徒依照国家标准要求的实际设计应用能力，针对具体目标用户需求系统分析的实践能力。

（三）课程定位

本课程是家具艺术设计专业的基础课程，是家具设计中的重要基础课之一。依照家具行业相关的国家标准要求，以加强行业规范的应用，了解家具中常用的相关家具尺寸等基础知识，掌握"用户—家具产品—使用环境"系统分析理论知识，以及用户心理调查问卷等数据搜集方法，有助于在家具设计实践中做好前期分析的设计调查工作。

在课程体系中，该课程与设计造型基础、室内设计基础等相辅相成，成为家具设计专业重要理论课程之一，与后续的家具项目设计等综合设计实践课程承前启后，课程具有综合性、实践性的特点，是家具设计专业的核心课程及特色课程。

二、课程设计思路

以实践项目为导向，突出用户系统分析应用能力的培养为主线，以家具、用户、使用环境为载体，分析家具行业与课程密切相关的知识，确定课程定位；分析职业岗位的任务要求，确定课程教学内容；课程内容包括 5 部分内容，一个分组实地调查项目；将家具设计师的常用家具数据的知识和技术，具体用户系统分析调查实践能力，与企业设计岗位需求紧密对接，序化教学内容；校企共研教学方法和教学手段，构建新的课程质量评价标准。

三、课程目标

了解用户与家具的关系和设计前期调查分析的重要性，掌握人体结构系统基础知识与家具常用尺寸标准的应用方法。在具体家具使用场景调查中，运用用户调查问卷的知识，做好用户心理分析工作，为设计做好系统的前期调查工作。

四、课程内容与要求

课次	授课内容	讲课时数	要求
1	一、人体工程学概述 1. 人体工程学的由来与发展 2. 人体工程学研究的主要内容与方法 3. 人体工程学在家具设计专业中的课程定位	2	了解人体工程学与家具设计的关系
2	二、人体测量与数据的应用 1. 人体测量学的由来与发展 2. 人体测量简介 3. 人体尺寸的差异 4. 人体尺寸 5. 人体测量数据的选择与应用 6. 室内设计中常用人体尺寸及应用 7. 国家标准人体数据的使用	2	能进行人体尺寸的测量与国标尺寸的应用
3	三、人体工程学基础 1. 人体的感知系统 2. 人体的运动系统 3. 人体的神经系统 4. 人的心理、行为与环境 5. 视觉与环境 6. 听觉与环境 7. 触觉与环境 8. 嗅觉与环境	2	掌握目标用户的心理需求，并进行基本分析
4	四、人体工程学与家具设计 1. 人体基本动作分析 2. 人体工程学与坐卧类家具的设计 3. 人体工程学与凭倚类家具的设计 4. 人体工程学与储存类家具的设计	2	熟悉常用家具的基本国标尺寸，并了解结构与使用体验的关系
5	五、家具使用受力分析 1. 坐具受力分析 2. 家具结构与受力方向 3. 其他家具结构受力分析	2	家具结构力学与用户使用的关系
6	六、使用情景空间的人机设计 1. 家用、办公、餐饮、公共等空间的人机要素特点 2. 儿童家具设计的人机设计（宠物用品设计） 3. 无障碍设计（针对老人、残疾人的设计，医院或养老院使用空间）	2	了解环境、情境与家具设计的关系

课次	授课内容	讲课时数	要求
7	七、结课大作业（1） 　　1. 分组作业（3 人一组） 　　2. 选一校内外"不合理"的设计进行人体工程学分析 　　3. 利用所学的人体工程学知识对"不合理"设计进行尺寸测量和使用人群的尺寸或心理感受进行问卷调查 　　4. 根据统计的数据进行总结分析（"不合理"设计的原因） 　　5. 依据总结的分析提出改进设计	4	结课作业：完成大作业确定题目并进行数据统计（问卷调查）

五、课程实施的建议

（一）教学方法

讲授法、演示法、任务驱动法。

（二）师资条件

任课教师应具有设计专业教育背景，熟悉家具行业标准的知识，具有一定项目设计实践经验，熟悉《家具、桌、椅、凳类主要尺寸》《人体测量尺寸》等家具行业国家标准的使用，熟悉课程教学内容及企业岗位工作任务和工作过程；企业导师应掌握设计用户调查实践的具体内容及要求，熟悉设计调查的实践方法。

（三）教学条件

多媒体教室、人体尺寸模板。

（四）教学资源

1. 教材选用

《室内与家具人体工程学》，2013 年中国轻工业出版社出版，作者：余肖红。

《设计调查》，2015 年国防工业出版社出版，作者：李娟莉。

2. 课程教学资源

资源类型	数量	制作时间
课堂案例	6 章	2016 年 7 月
人体尺寸样板	4 套	
家具相关国家标准	8 种 4 套	

六、课程考核

课程考核评价体系中，实现全程化、多元化考核。

课程的总评成绩 = 平时学习态度考核占 20%+ 过程考核占 20%+ 结课作业考核占 60%。

（一）平时学习态度考核。

考核是否有迟到、旷课、早退、课堂是否听课、是否积极主动学习等行为，可评定为优、良、中、及格、不及格五个等级。

（二）过程性考核。

考核课堂作业、课后作业、课堂提问、回答问题，可评定为优、良、中、及格、不及格五个等级。

（三）结课作业考查。

制定综合任务实操作业。

现代学徒制家具艺术设计专业
"软体家具设计与制作"课程标准

开课系部: 艺术设计系		所属专业: 家具艺术设计	
课程代码:	总学时: 80		学分: 5

一、课程性质与定位

（一）课程性质

专业必修课。

（二）课程定位

本课程是家具艺术设计专业的专业基础课程，共 80 个课时，是加强动手操作的一门重要课程，也是学徒学习完成课程设计与毕业设计不可缺少的基础。在课程体系中，该课程前导课程有家具史、室内设计基础、家具制图、家具工艺、家具材料等内容，后续课程有家具项目设计等专业核心课程。

二、课程设计思路

本课程最终要求分组完成一件软体家具实物，考验学徒综合素质，它包括设计、绘图、Auto CAD 绘制、结构分析、材料选择等，因此课程安排在大二下学期，为完成家具设计实物制作，应该掌握软体家具的分类、功能设计要点、材料选择，生产流程，设备使用等内容，应按照顺序进行授课，确保所有内容教授完成后才进入实物制作环节，制作前要进行安全生产教学。

三、课程目标

通过六个学习情境，学习沙发功能设计、沙发外观设计、沙发座框部件制作及安全生产、软质材料黏附与填充、沙发座包外套部件及制作、沙发的出模与制作等专业知识与专业技能。

四、课程内容与要求

课次	授课内容	讲课时数	要求
1	绪论 软体家具的定义、发展历程、风格造型、基本材质和构造	4	要求最少五幅不同风格的沙发，选出一幅认为在本学期可以进行制作的沙发
2	第一章　沙发座框部件及其制作 1.1　组成材料及其材性特点 1.2　制作工具及设备 1.3　座框部件结构的连接特点 1.4　工艺流程及技术要求	4	思考沙发框架结构的设计
3	沙发功能设计、沙发座框的结构设计（手绘表达）	4	完成课堂任务
4	家具厂参观沙发制作	4	
5、6	制作沙发座框	8	分组进行，沙发 1:1 大样图绘制能力、空间想象能力、图样表达能力
7	第二章　软质材料黏附与填充 2.1　填充材料的类型 2.2　填充材料在软体家具中的主要应用 2.3　主要加工设备及填充工艺	4	归纳整理主要填充材料的类型、适用处
8	走访沙发材料市场，现场教学	4	
9、10	软质材料黏附与填充、对座框进行海绵黏附	8	分组进行，掌握相关工具、设备的安全使用、操作
11	第三章　座包外套部件及其制作 3.1　真皮及其他材料 3.2　座包外套部件结构及制作 第四章　床垫知识 4.1　床垫种类与材料 4.2　床垫生产工艺	4	归纳整理常见外套材料，在软体家具中的应用
12	家具厂参观沙发制作	4	
13~20	单人沙发的出模与制作（扪皮、泡钉、底布等）	32	分组进行，掌握相关工具、设备的安全使用、操作

五、课程实施的建议

（一）教学方法

讲授法、演示法、任务驱动法。

（二）师资条件

学校老师应具有在企业车间实践或工作的经验，熟悉沙发的生产工艺，了解设备的应用场合，有工艺相关的基本理论知识，有一定的软体家具制作经验，熟悉课程教学内容；企业老师应有五年以上软体家具制造工作经验，能读识图纸和操作生产设备，能独立进行软体家具生产，熟悉结构、材料、设备，有较好的语言表达能力。

（三）教学条件

教室配备：多媒体教室、实操场地，杂木方、海绵、面料等耗材，相关的机器设备。

（四）教材选用

1. 教材选用

教材应优先选用国家高职高专规划教材、精品教材、重点教材、行业部委统编教材、自编教材等。

《软体家具制造技术及应用》，国家重点培育高职院校建设项目成果系列教材，作者：王永广，出版社：高等教育出版社，出版时间：2010 年 03 月，ISBN：9787040286939。

2. 课程教学资源

资源类型	数量	制作时间
PPT 课件	5	2018 年 10 月
家具小模型		

六、课程考核

"软体家具设计与制作"课程考核评价体系中，实现全程化、多元化考核。

课程的总评成绩 = 平时学习态度考核占 40%+ 过程考核占 60%。

（一）平时学习态度考核。

考核是否有迟到、旷课、早退，课堂是否听课、是否积极主动学习等行为，可评定为优、良、中、及格、不及格五个等级。

（二）过程性考核。

考核课堂作业、课后作业、课堂提问、回答问题，可评定为优、良、中、及格、不及格五个等级。

现代学徒制家具艺术设计专业
"家具构造与制图"课程标准

开课系部：艺术设计系	所属专业：家具艺术设计	
课程代码：	总学时：80	学分：5

一、课程性质与定位

（一）课程性质

专业基础课。

（二）课程定位

本课程是家具艺术设计专业的专业基础课程，是学习其他专业技能课程的基础，也是学习后续课程和完成课程设计与毕业设计不可缺少的基础。该课程共80课时，分理论授课与图形绘制两大部分，在课程体系中，该课程前导课程有家具史、室内设计基础，后续课程有Auto CAD、家具工艺、软体家具设计、家具项目设计等专业核心课程。

二、课程设计思路

本课程依据家具图纸转化为生产的工作过程作为导向，突出制图知识的应用能力，从基本的作图方式开始，到投影知识，再到制图标准，最后以教室课桌椅、老师办公桌为例子，绘制出能为车间提供生产的标准图纸。另外，家具在一定程度上依托建筑、室内存在，因此有必要对家具制图进行课程拓展，进行建筑施工图与建筑装修施工图的读识与绘制。此外，在课程不同阶段设计不同的教学情境以突出教学目标掌握工作岗位需要的相关专业知识。

三、课程目标

通过课程学习掌握制图基本知识、制图基本理论与原理，通过尺寸测量提高测绘能力和对空间信息、资料收集整理能力，绘制符合国家《家具制图标准》规范的各种家具图形、图样，能正确读识家具生产技术图纸。

四、课程内容与要求

课次	授课内容	讲课时数	要求

1	绪论
	第一章 制图与识图的基本知识
	  1.1 制图及手工制图工具的应用
	  1.2 常用制图国家标准简介
	  1.3 常用几何作图法
	  1.4 徒手绘制草图的方法
	·课堂练习
		9	作业：几何作图与字体练习

2	习题讲解
	第二章 投影基础
	  2.1 投影法
	  2.2 三视图的形成及其投影关系
	  2.3 点、直线、平面的投影
	·课堂练习
		9	作业：组合体三视图与字体练习

3	习题讲解
	第二章 投影基础
	  2.4 基本立体的投影及三视图
	  2.5 轴测图
	·课堂练习及第二章知识回顾
		9	作业：轴测图练习

4	第三章 家具图样的表达方法
	  3.1 视图
	  3.2 剖视图
	·课堂练习
	凳子测量与三视图练习
		9	作业：凳子三视图

5	第三章 家具图样的表达方法
	  3.3 断面图
	  3.4 局部详图
	椅子测量与椅子三视图练习
		9	作业：椅子三视图、习题页12页

6	第三章 家具图样的表达方法
	  3.5 家具榫结合、紧固件以及连接件的表示方法
	  3.6 螺纹连接
	  3.7 简化画法
	桌子测量与桌子三视图练习
		9	作业：课桌三视图、习题页13页

7	第四章 家具图样
	  4.1 设计图
	  4.2 装配图
	  4.3 家具部件图和零件图
	  4.4 家具效果图
	方凳剖视图、零部件图综合绘制练习
		9	作业：办公台三视图

8	第五章 知识拓展——建筑制图
	  5.1 建筑施工图
	  5.2 建筑装修施工图
		9	作业：客厅天花平面图、剖面图、客厅电视背景墙立面图、剖面图、玻璃精品柜详图

五、课程实施的建议

（一）教学方法

讲授法、演示法、练习法、任务驱动法。

（二）师资条件

学校老师应具有扎实的制图基本知识与理论，对家具制图规范文件有透彻的理解，有家具企业制图工作经验，熟悉课程教学内容及企业岗位工作任务和工作过程；企业老师应掌握家具图纸读识与家具常用材料、家具图纸与生产衔接等相关内容，熟悉家具制图方法，熟悉家具结构与零部件生产。

（三）教学条件

教室配备：多媒体、上课用大三角板一套、圆规、制图模型一套，课桌为大桌面的平整绘图桌。

（四）教材选用

1. 教材选用

《家具制图》，高职高专艺术设计专业"十二五"规划教材，主编：江功南，出版社：哈尔滨工程大学出版社，出版时间：2013 年 8 月，ISBN：978-7-5661-0672-8。

2. 课程教学资源

资源类型	数量	制作时间
PPT 教案	5 章	2016 年 7 月
几何模型	10	

六、课程考核

"家具构造与制图"课程考核评价体系中，实现全程化、多元化考核。

课程的总评成绩 = 平时学习态度考核占 20%+ 过程考核占 20%+ 期末综合考核占 60%。

（一）平时学习态度考核。

考核是否有迟到、旷课、早退、课堂是否听课、是否积极主动学习等行为，可评定为优、良、中、及格、不及格五个等级。

（二）过程性考核。

考核课堂作业、课后作业、课堂提问、回答问题，可评定为优、良、中、及格、不及格五个等级。

（三）期末考试。

150 分钟闭卷考试，内容包括选择题、填空题、识图题、作图题。

高职现代学徒制
家具艺术设计专业教学标准

（"校中厂"模式）

一、专业名称及代码

家具艺术设计（65010）。

二、招生对象

面向合作企业招收应届往届高中、中职或同等学力毕业生。

三、基本学制与学历

（一）学制

全日制三年。

（二）学历

学习合格取得大专学历。

四、培养目标

面向家具艺术设计和生产行业，适应家具设计艺术和生产技术，家具营销和项目管理一线岗位需求的，培养德、智、体、美、劳全面发展，掌握家具艺术设计必备的基础理论和专业知识，具备从事家具设计专业的职业岗位技能和设计团队协作能力，提出创新设计方案和生产管理的基本工作能力，能够在家具设计和制造企业从事设计、生产、销售、管理相关岗位工作的高素质技术技能人才。

五、培养方式

学校和企业联合招生、联合培养、一体化育人。职业院校承担系统的专业知识学习和技能训练；企业通过师傅带徒形式，依据培养方案进行岗位技能训练，真正实现校企一体化育人。教学任务须由学校教师和企业师傅共同承担，形成双导师制。公共基础课程和专业技术技能课程系统的专业知识教学主要由学校导师承担，专业技能训练主要由企业导师承担；学校导师主要以集中授课、任务训练等形式使学徒掌握必备的专业理论知识，企业导师依据培养方案主要以集中培训、技能训练、岗位培养、师带徒等形式培养岗位能力。

六、职业范围

（一）职业生涯发展路径（见表1）

家具艺术设计专业职业生涯发展路径　　　　　表1

岗位层级	学徒岗位	技术服务类		管理服务类		学历层次	发展年限
		技术岗位	管理岗位	技术岗位	管理岗位		
IV	1. 家具设计师 2. 家具技术管理员 3. 家具门店店长 4. 家具企业行政主管	家具设计员	家具技术管理员	家具导购员	行政助理	高职	0~1
III		助理家具设计师	厂长助理	门店团队领队	行政专员	高职	2~3
						高职	
II		家具设计师	技术总监	门店店长	行政主管	高职	3~6
I		高级家具设计师	厂长	销售经理	部门经理	高职	6~10

（二）面向职业范围（见表2）

高职学段职业岗位及证书　　　　　表2

序号	对应职业（岗位群）	学徒目标方向	职业资格证书举例
1	家具设计师	按客户要求完成家具设计方案	家具设计员职业资格证书
2	家具技术管理员	把控家具生产工艺管理	家具技术管理员（三级）资格
3	家具门店店长	综合执行品牌门店经营管理	家具门店店长（三级）资格
4	家具企业行政主管	家具企业行政协调管理	家具企业行政助理资格证书

高职毕业的学生主要在家具设计生产企业从事以上职业岗位工作，以上岗位的主要任务和内涵如下：

1. 家具设计师

能为满足使用者对家具的实用与审美需求，根据使用空间和环境的性质，结合材料工艺及美学原理，从事各类家具的设计等工作。

2. 家具技术管理员

对家具领域内家具国家标准、行业标准等的把控及其管理工作。开展家具产品标准、健康安全标准、资源节约与产品工艺设计等的管理等工作。

3. 家具门店店长

管理家具店面的管理人员，站在经营者的立场上，综合科学地分析店铺运营情况，全力贯彻经营方针，执行品牌策略等工作。

4. 家具企业行政主管

以总经理为最高领导、由行政副总分工负责、由专门行政部门组织实施、操作，其触角深入企业的各个部门和分支机构的方方面面，是一个完整的系统与网络，有效进行相互之间的协调等工作。

七、人才培养规格

（一）职业素养（表3）

职业素养 表3

职业素养	合作企业要求举例
（1）遵纪守法，践行社会主义核心价值观	（1）熟悉相关法律法规，遵守公司纪律和规章制度
（2）具有良好的科学文化素养	（2）掌握科学知识和文史知识 （3）崇尚科学、反对迷信和伪科学 （4）养成良好的行为习惯
（3）拥有良好的身体素质和健康心理	（5）身心健康 （6）积极参加体育锻炼与集体活动
（4）爱岗敬业、诚实守信，具有良好的职业道德	（7）始终把项目管理放在首位 （8）坚持"精细管理"，为客户提供优质设计服务
（5）具有质量、安全、环保、绿色节能意识	（9）坚持质量与安全并重 （10）具有节能环保意识
（6）具有高度的责任感，良好的团队意识和组织管理能力	（11）严格律己，具有团队合作精神和意识 （12）同时具有良好沟通协调能力
（7）具有收集及处理信息的能力	（13）能做到信息化管理，信息化设计
（8）具有创新意识、解决问题及自主学习能力	（14）能解决施工现场遇到的实际问题 （15）能积极研发新技术新工艺 （16）不断学习提升自我

（二）专业能力（表4）

专业能力 表4

专业能力	合作企业要求举例
（1）具备自学能力。具备从现实生活中获取、领会和理解家具使用信息的能力，以及从各种现代信息渠道获取有关家具设计知识的能力 （2）具备综合运用相关家具设计、制造工艺、材料等方面知识进行家具开发创新的能力 （3）具备表达能力。具有以图像方式和语言文字方式有效地进行交流、表达设计思想和设计意图的能力 （4）具备计划能力。具有准确而有目的地运用数字进行家具制作成本预算的能力 （5）具备对空间较好的感觉力。具有较强的空间想象力和凭思维想象能将几何形体以及简单三维物体表现为二维图像的能力 （6）具备较强的动手能力。能迅速、准确、灵活地完成家具设计图手绘和家具设计模型的手工制作 （7）具备图纸识读能力，对设计图纸审核、检查的能力 （8）具备管理组织能力，协助生产部门编制家具工艺技术要求、作业指导，解决生产过程中的技术问题和质检的能力 （9）具备较强的动手能力，深入生产现场，掌握质量情况 （10）具有制定分析的能力。能制定并分解专卖店月底销售计划，带领团队完成销售任务。制定培训计划，并对导购人员进行培训与辅导；掌握当地市场的竞争环境和消费习惯，发现问题及时反映；及时反馈相关信息，提出有助于完成销售目标的建设性意见 （11）具备良好的沟通能力。能主持专卖店的例会，传达相关政策及信息；与售后服务人员及跟单人员保持日常沟涌、协调、衔接，并了解有关生产厂家的情况；处理顾客的现场或电话投诉与抱怨，需要其他部门协调处理的投诉事件及时通知相关部门 （12）具备优秀的审美水平。能监督管理产品陈列、饰品摆放、店面卫生、人员形象、POP布置等方面的展厅形象维护工作 （13）具备一定的领导能力。能监督导购员日常工作纪律，对违反有关规定的人员进行处理 （14）具备计划和决策能力。对新上市产品、滞销产品、促销产品及样板产品进行合理调整配置或进行相应处理；对导购员进行业绩评估和考核 （15）具备管理文件能力。负责全体员工的人事档案管理工作。负责日常办公用品的采购、管理。负责统计汇总，上报员工考勤月报表等工资资料，处理考勤异常情况。处理总经理临时交办事物 （16）具备人员管理能力。协助总经理处理人事方面的其他工作 （17）协助招聘主管进行员工招聘的面试，负责报到及解聘手续的办理，接待引领新进员工以及厂牌办理	（1）能够完成家具制作图、轴测图、透视图、大样图的绘制 （2）掌握并能熟练操作设计软件绘制二维家具制作图和三维家具图 （3）掌握并能操作Photoshop软件 （4）熟悉家具材料的性能、产地及成本 （5）掌握家具的表面涂饰工艺 （6）掌握常用家具木工机械知识 （7）具备良好的职业道德 （8）识读家具设计图、家具透视图、家具大样图 （9）绘制家具制作工艺图 （10）掌握并能熟练操作Auto CAD软件绘制二维家具工艺图 （11）掌握并能操作拆单"云溪"软件 （12）掌握工厂运作流程，协助管理生产运作 （13）熟悉家具工艺、材料等必需的基础知识 （14）能指导整体家具工艺流程，质量检查 （15）现场安装质量管控 （16）现场卸货、上货、分货、场地移交管理 （17）介绍及拆分家具制作工艺图 （18）掌握并能操作办公软件 （19）明确各部门工作内容，并按性质分类，逐级建立自上而下的责权关系 （20）了解正常组织经济活动，包括财务和销售管理、信息、沟通以及公关和劳资关系等 （21）售前、售后处理技巧 （22）项目现场对接技巧 （23）识读家装设计图家具制作图 （24）识读绘制家具三维模块效果图 （25）掌握并能操作"三维家""圆方"等设计谈单软件 （26）掌握店面运作流程，协助管理生产运作 （27）各风格家具设计、系列家具整理及总结 （28）促销产品及样板产品进行合理调整配置或进行相应处理 （29）熟悉职业形象与商务礼仪 （30）掌握谈单沟通技巧、客诉处理技巧、项目现场对接技巧

八、典型工作任务及职业能力分析

　　针对本专业高职的家具设计师目标岗位，面向行业企业，结合专家咨询等方式开展职业能力分析，制定高职阶段培养的典型工作项目和工作任务（表5）。

专业岗位典型工作任务一览表 表5

序号	工作项目/职业素养	典型工作任务/职业素养分类	能力要求（打"√"）		备注
			高	中	
1	工艺识图和计算机辅助设计	识读家具设计图、家具透视图、家具大样图	√	√	典型工作任务与岗位职业能力衔接
			√		
		绘制家具制作工艺图	√	√	
			√	√	
			√	√	
		拆分家具制作工艺图	√		
			√	√	
			√		
			√	√	
		绘制家具大样图、装配图		√	
			√	√	
			√	√	
2	家具的构造与材料识别	操作"云溪"软件进行拆单	√	√	
			√		
			√	√	
			√		
		家具工艺基础知识指导	√	√	
				√	
				√	
			√	√	

序号	工作项目 / 职业素养	典型工作任务 / 职业素养分类	能力要求（打"√"）		备注
			高	中	
2	家具的构造与材料识别	家具木工机械的运用及常规保养维护	√	√	
				√	
		运用家具结构基础技术，优化产品工艺	√	√	
			√	√	
3	工厂管理管控和培训监督	根据运作流程，调配生产安排、技术人员	√		典型工作任务与岗位职业能力衔接
			√	√	
		核算家具设备、工艺、材料，以及项目成本等	√		
			√	√	
			√	√	
		指导整体家具工艺流程，质量检查，贯彻行业质量标准	√		
			√	√	
		开发协助试制，改进工艺、设备	√	√	
			√	√	
			√	√	
		编制员工技术培训、安全监督、规范	√		
			√	√	
			√	√	
4	协助制定项目安全管理制度和方案，并负责实施	现场安装质量管控	√	√	
			√		
			√	√	
		现场卸货、上货、分货、场地移交管理	√	√	
			√	√	
			√	√	

序号	工作项目／职业素养	典型工作任务／职业素养分类	能力要求（打"√"）		备注
			高	中	
4	协助制定项目安全管理制度和方案，并负责实施	项目现场沟通，售前、售后跟进	√	√	
			√	√	
			√	√	
5	职业素养（通用能力、核心技能、关键能力）	沟通交流	√	√	典型工作任务与岗位职业能力衔接
			√	√	
		数字应用	√	√	
				√	
		革新创新	√	√	
			√	√	
		自主学习	√	√	
			√	√	
		团队合作	√	√	
			√	√	
		解决问题	√		
			√	√	
			√	√	
		信息处理	√		
			√	√	
				√	
		责任（安全）意识	√		
				√	
		其他	√	√	
			√	√	
			√	√	

九、课程结构

本专业现代学徒制的课程体系构建是以培养应用能力为主线，以工学结合为切入点，融入职业资格标准，遵循高等职业教育的规律，坚持"以学生为中心、以能力为本位、以就业为导向"的指导思想，与企业合作共同构建理论与实践一体化的专业核心课程，并带动整个家具艺术设计专业课程体系的改革。现代学徒制家具艺术设计专业课程模块分为职业基本素质课程和专业课程两个模块，专业课程分为专业技术技能课程、职业岗位能力课程和专业拓展课程。专业技术技能课程根据不同学徒岗位方向共同需要的职业能力要求进行设置，岗位职业能力课程根据岗位方向的特定要求设置。专业拓展课程提高职业素养素质，拓展职业综合能力以适应艺术设计类相关岗位能力的要求而设置。两个课程模块均有学校和企业双导师教学团队共同研究制订。

主要课程结构见表 6。

家具艺术设计专业课程体系　　　　　　表 6

课程模块		课程名称	课程性质
职业基本素质课程		入学教育	必修课
		军事技能与军事理论	必修课
		思想道德修养与法律基础	必修课
		大学生心理健康教育	必修课
		大学生安全教育	必修课
		公益劳动	必修课
		形势与政策	必修课
		应用写作	必修课
		大学生职业发展与就业指导	必修课
		毛泽东思想和中国特色社会主义理论体系概论	必修课
专业课程	专业技术技能课程	家具构造与制图	必修课
		Auto CAD 绘图	必修课
		Photoshop	必修课
		家具材料的识别与应用	必修课
		木雕造型设计与制作	必修课
		室内设计基础	必修课

课程模块		课程名称	课程性质
专业课程	专业技术技能课程	计算机效果图制作	必修课
		效果图表现技法	必修课
		测量实践	必修课
		图纸深化实践	必修课
		方案设计	必修课
	职业岗位能力课程	板式家具选材与报价实践	必修课
		拆单软件实践	必修课
		板式家具开料设计	必修课
		板式家具封边技术	必修课
		自动化打孔技术	必修课
		家具试装实践	必修课
		家具安装工程	必修课
		全屋定制项目流程管理实践	必修课
		设计营销	必修课
		毕业设计与答辩	必修课
		实木家具设计与制作综合实践	必修课
		创新家具设计与制作综合实践	必修课
		家具项目管理综合实践	必修课
	专业拓展课程	市场考察	限选课
		空间展示设计	任选课
		软体家具设计与制作	任选课
		家具专题设计	限选课
		室内陈设品设计与制作	任选课
		家具涂料与涂装技术	限选课
		家具项目设计	任选课

十、课程内容及要求

（一）职业基本素质课程

职业基本素质课程　　　　　　　　　　　　　　　　　　　表7

序号	课程名称	主要教学内容和要求	参考学时
1	入学教育	专业介绍、校纪校规教育、安全教育、文明教育、职业岗位发展规划教育、华蓝企业文化教育	24
2	军事技能与军事理论	国防理论、国防精神、国防历史及体制、国防文化、国防常识、军事技能训练	48
3	思想道德修养与法律基础	远大理想和中国精神的内涵、道德实践的方法、道德规范、宪法和法律体系、法律观念的树立、履行法律义务	48
4	大学生心理健康教育	健康与心理健康、大学生的自我意识、大学生的情绪与情感、大学生的学习心理、大学生的人际关系问题、大学生挫折的承受与应对、大学生常见的心理障碍与心理疾病、大学生与心理咨询、大学生的择业心理	32
5	大学生安全教育	大学生安全教育知识、自我保护和安全意识	24
6	公益劳动	参加企业公益劳动	24
7	形势与政策	社会稳定的内涵及其重要性、当前我国社会稳定面临的形势、国内经济形势与发展趋势、农业发展政策、推动社会主义文化大发展、国际形势、经济危机、深陷危机的资本主义、持续动荡的西亚北非、亚太地区经济外交概况、中国—东盟经济发展概况	18
8	应用写作	专业应用文写作，调查报告和研究报告写作	36
9	毛泽东思想和中国特色社会主义理论体系概论	马克思主义中国化两大理论成果、新民主主义革命理论、社会主义改造理论、社会主义建设道路初步探索的理论成果、建设中国特色社会主义总依据、社会主义本质和建设中国特色社会主义总任务、社会主义改革开放理论、建设中国特色社会主义总布局、实现祖国完全统一的理论、中国特色社会主义外交和国际战略、建设中国特色社会主义的根本目的和依靠力量、中国特色社会主义领导核心理论	64
10	大学生职业发展与就业指导	华蓝企业职业的内涵、职业生涯规划、自我认识，就业形势、就业政策及劳动权益、择业准备、求职择业的技巧、适应社会和创业指导	24
11	大学英语	通过课程教学培养学生掌握运用英语交流沟通的基本能力目标，增强学生学习兴趣和自主学习能力，提升学生就业竞争力和专业可持续性发展	75
12	体育	增强学生身体机能和运动能力，获得各项运动项目的基本知识和技术技能，全面提高身体素质	108
13	计算机应用基础	学习常用办公软件、计算机网络和信息安全等方面的基础应用知识，提高办公应用技能	45

（二）专业技术技能核心课程

专业技术技能核心课程 表 8

序号	课程名称	对接典型工作任务及职业能力	主要教学内容和要求	参考学时
1	家具构造与制图	（1）能独立绘制符合制图标准的中等难度实木家具三视图 （2）能独立绘制符合制图标准的中等难度板式家具三视图 （3）能独立绘制室内平面图 （4）能读识装修施工图	本课程依据家具图纸转化为生产的工作过程作为导向，突出制图知识的应用能力，包括基本的几何作图，到投影知识，再到制图标准，最后以教室课桌椅、老师办公桌为例子，绘制出能为车间提供生产的标准图纸。另外，家具在一定程度上依托建筑、室内存在，因此有必要对家具制图进行课程拓展，进行建筑施工图与建筑装修施工图的读识与绘制。此外，在课程不同阶段设计不同的教学情境以突出教学目标掌握工作岗位需要的相关专业知识	80
2	CAD 绘图	（1）能独立绘制符合制图标准要求的家具三视图 （2）能打印输出符合制图标准要求的纸质图纸 （3）能进行简单的室内装修图的绘制	本课程主要将《家具制图标准》转化为计算机制图，实现现代化的表达与传递。课程应由简入繁，从基本的画图工具、修改工具到文字样式设计、标注样式设置、布局、打印出图完成最终的家具图样表达。将制图课中的家具制图练习用 Auto CAD 绘制出来，从而使两门课都能得到加强。每一节课都设置不同的任务，要求应用课堂上的知识解决所布置的任务。在课程后阶段，进行建筑制图的 Auto CAD 绘制	64
3	Photoshop	工作任务：根据 Auto CAD 平面线图进行彩平图的绘制；对三维软件的家具效果图调整画面效果，如基本对比度、饱和度、明度等；修图，将局部照片或效果图进行拼接处理；排版：将家具资料制作成产品册子和展示宣传资料	Photoshop 软件的基础命令；常用的选取工具；常用的修改工具；图层工具；蒙版工具；矢量路径；文字工具；滤镜；综合修图处理技术；画笔编辑；海报制作等。 要求：掌握家具平面布置图制作；基本图片图形处理；版式排版等软件技能	48
4	家具材料的识别与应用	（1）能认识常见的家具主要用材 （2）能认识常见的家具辅助用材 （3）能认识常见材料的主要规格尺寸	本课程将家具主要材料进行分类说明，木竹藤类、人造板类、金属类、塑料类、石、玻璃。通过应用型图片与材料视频、实物的展示，达到认识材料的目的	45

続表

序号	课程名称	对接典型工作任务及职业能力	主要教学内容和要求	参考学时
5	计算机效果图制作	工作任务：用 3ds MAX 制作三维效果图，包括板式家具效果图、实木家具效果图、软体家具效果图；制作室内展示场景效果图；导出三维数字模型到数字雕刻机生产。职业能力：能根据家具图纸尺寸制作各种三维效果图；能通过建立三维模型制作家具及木门雕刻细节	三维效果图制作基本知识，3ds MAX 常用的基础操作；3ds MAX "线一体"建模的命令；3ds MAX 复合对象命令操作；3ds MAX 编辑多边形；V-Ray 渲染器应用；板式家具效果图制作；实木家具效果图制作；家具效果图设计制作；木门浮雕纹样设计制作。要求：了解三维软件效果图表达与家具设计的重要关系，掌握针对不同类型家具的效果图制作方法。在具体家具设计实践中，运用 3ds MAX 效果图制作技术，辅助家具设计实现虚拟的照片级效果表现	160
6	效果图表现技法	工作任务：熟练运用手绘表现室内和家具设计效果图，通过平板电脑和马克笔、彩铅等对图纸进行深化设计，注重培养设计手绘表现能力和造型能力	效果图表现技法知识，包括透视表现、空间表现、色彩表现和技法综合运用表现等。要求：深入了解手绘效果图表达与家具设计的重要关系，掌握针对不同室内风格设计和家具设计的手绘效果图表现方法。在具体家具设计实践中，灵活运用各种技法和表现技术，并借助相关信息化手段和数字表现技术完成进阶效果表现	112
7	测量实践	（1）能独立测量超长、超高墙面或物体（2）能进行复杂墙面、梁柱面的测量（3）能准确记录测量数据（4）能沟通、提问、记录客户要求	学会测量工具的使用，一个是传统的卷尺，二是现代的激光测距仪。在掌握传统的测量技能基础上再进行现代测量工具的学习，而对于超长、超高及复杂梁柱、墙面的测量进行技巧的指导，进一步把测量数据变成图纸	16
8	图纸深化实践	（1）读识测量数据及现场绘制的图样的能力（2）与客户有能够深度理解客户需求的能力（3）图纸细化以达到不返工的能力	本课程主要学习测绘回来的绘制的图纸，如何与客户的交流沟通，进而通过修改深化，形成更为精准的图纸，要求达到没有因设计问题而产生的返工问题	32
9	方案设计	工作任务：根据家具功能尺寸要求设计图纸；应用拆单软件进行拆单；跟踪下单生产。职业能力：了解家具分类、设备应用、生产工艺、五金及材料；熟悉岗位责任、分工安排、工作流程；熟练操作拆单软件；了解产品装箱、发货、收货、退货流程、下单排单规范	安全教育；工厂运作及管理；板式家具理论；下单流程；不同风格衣柜、橱柜、酒柜三视图设计。要求：强化 Auto CAD 工艺结构类制图基础，对家具结构、工艺、设备应用有了透彻的理解，合理高效地使用拆单软件，能掌握一定的现场管理经验，独立完成产品由工厂到项目安装完成这一过程	32

（三）岗位能力核心课程

岗位能力核心课程

表 9

序号	课程名称	对接典型工作任务及职业能力	主要教学内容与要求	参考学时
1	拆单软件实践	（1）快速读懂轴测图的能力 （2）独立操作拆单软件的能力 （3）掌握企业关于板式家具工艺、用料规定的能力	本课程主要学习企业使用的拆单软件进行拆单，主要是指板式家具，学习读图、企业板式工艺规定、企业板材规格、常用五金以及拆单软件的操作，各类拆单表的复核与输出，要求独立进行中等验证的家具拆单	32
2	板式家具选材与报价实践	工作任务：负责整理家具项目所用到的板材、五金数据与供货商报价、运输成本等。熟悉各种各批次板材的性能与质量。 职业能力：能够根据家具项目统计板材的数量、损耗等因素在内计算材料报价，五金件报价	板式家具板材知识；板式家具的五金知识；板式家具的材料损耗计算；材料统计；报价清单软件知识。 要求：掌握板式家具的各种板材及规格、板式家具五金件的规格与材料、熟悉常用板式家具材料的市场价格与行情；能制作材料报价清单	32
3	全屋定制项目流程管理实践	（1）与客户有效沟通交流的能力 （2）独立测量绘制平面图与墙柱面图的能力 （3）跟单排单管理监督的能力 （4）图纸深化能力 （5）安装售后服务能力	本课程涵盖范围大，包括设计营销→选材报价→现场测量→跟单排单→家具设计→拆单备料→生产监督→试装及质检→现场安装→项目管理→售后服务，在完成以上学习之后，再进行这门综合性课程的学习，结合两到三个完整的案例进行，该课程重点在于使学习者将所学专业知识与能力同实际生产、项目、岗位相结合，独立完成完整的全屋定制项目	80
4	设计营销	工作任务：负责日常家具门店的接待；与设计师配合跟客户沟通项目事宜；给客户介绍产品种类与服务项目；管理店面各类事宜。 职业能力：能熟练跟潜在客户交流家具相关知识；能根据客户需求交流自己设计心得；处理客户与设计师的沟通矛盾	家具设计赏析；家具设计风格理；店面接待礼仪；项目接单谈单沟通技巧实践；家具营销实战操作。 要求：掌握基本接待礼仪；熟练运用接待礼仪用语；掌握接待的基本技能；应对客户各种谈单中出现的情况	40
5	家具项目管理综合实践	（1）各种知识融会贯通综合运用的能力 （2）熟悉与解读企业规章制度的能力 （3）项目规划能力 （4）沟通与解决问题的能力	本课程主要以企业职业岗位能力标准为依据进行课程的设计，通过企业指派工作任务，运用相关技能、方法与工具，满足项目要求。学习者从安装质检、现场管控、成品保护、现场卸货、上货、分货、场地移交管理等一系列流程进行计划、协调、解决。帮助学习者正确应用项目管理理论和知识指导实践工作的开展并能解决项目中较为复杂的问题的综合能力	144

（四）岗位拓展核心课程

岗位拓展核心课程 表 10

序号	课程名称	对接典型工作任务及职业能力	主要教学内容与要求	参考学时
1	家具涂料与涂装技术	（1）熟悉家具行业涂料涂装常用的工艺技术，在设计工作中选用合适涂装工艺 （2）掌握基本的实木刷涂与喷涂技术，以及修色、刮腻子等缺陷修补工艺 （3）了解不同家具风格的涂装工艺方法 （4）能够对比不同涂料与工艺的优缺点	本课程主要讲授家具涂料的行情与发展趋势、家具涂装的分类、家具涂料的成分与施工工艺、实木家具涂装实践等涂料知识点与实践技巧。了解家具涂料与涂装工艺技术并针对具体家具设计选用不同涂装工艺，掌握基础涂装操作的实践能力	48
2	室内陈设品设计与制作	（1）熟悉室内软装搭配原理和风格等 （2）综合材料应用能力 （3）室内设计和陈设品搭配应用能力 （4）室内陈设品设计表现与开发能力	主要讲授家具设计的基础知识、家具的基本构造和工艺、室内陈设设计等，培养家具与室内织物、植物、工艺陈设品等内容有机组织的能力。要求掌握从使用室内空间的人这个基点出发，充分考虑人的心理与行为特征，结合建筑的功能、性质，对室内陈设由表及里地进行设计的知识和方法。能够将新技术、新工艺应用于家具与陈设设计方面；能够将家具与陈设与室内环境设计形成一个有机的整体，使之成为体现室内气氛和艺术效果的主要角色	80
3	家具专题设计	（1）独立分析专题设计任务的能力 （2）现场测量平面图并绘制的能力 （3）家具专业课程综合运用的能力 （4）项目洽谈沟通、专题竞争能力	本课程主要以企业职业岗位能力标准为依据进行的课程设计。结合典型工作任务的能力要求设计课程教学内容，课程讲授紧密结合家具设计师岗位实际工作任务，以培养解决实际问题的能力为主线，重点加强家具风格设计、造型设计和装饰设计能力训练，通过工学交替、岗位培养完成教学任务。培训家具造型设计和装饰应用设计能力，通过专业制图软件应用，结合人体工程学、家具材料和风格等专业技术知识，掌握综合家具专题设计及其应用方式和方法	72
4	软体家具设计与制作	沙发功能设计、外观设计、座框部件制作及安全生产等专业知识与专业技能综合应用能力	考验专业综合素质，包括设计、绘图、Auto CAD 绘制、结构分析、材料选择等，掌握软体家具的分类、功能设计要点、材料选择、生产流程、设备使用等内容，应按照顺序进行授课，确保所有内容教授完成后制作前要进行安全生产教学	80
5	家具项目设计	（1）专业知识综合运用的能力 （2）现场测量平面图并绘制的能力 （3）项目设计规划能力 （4）沟通与解决问题的能力	通过模拟企业家具项目案例熟悉室内平面图的测量与绘制、家具平面布置方案、单件家具施工图绘制，通过案例模拟学习家具项目设计内容，方法与步骤	80

十一、教学安排

现代学徒制 2018 级家具艺术设计专业教学安排表　　　表 11

课程模块	课程性质	序号	课程代码	考试科目	课程名称	学时分配			学分数	第一学期					第二学期					第三学期					第四学期					第五学期					第六学期					应修学分
						总计	理论讲授	课程实践		节数	周数	授课场地	授课方式	师资类型	节数	周数	授课场地	授课方式	师资类型	节数	周数	授课场地	授课方式	师资类型	节数	周数	授课场地	授课方式	师资类型	节数	周数	授课场地	授课方式	师资类型	节数	周数	授课场地	授课方式	师资类型	
基本素质模块	必修课	1		1	毛泽东思想和中国特色社会主义理论体系概论	64	48	16	4.0	4	16		集中讲授	学校导师																										4.0
		2		2	思想道德修养与法律基础	48	38	10	3.0						3	16		集中讲授	学校导师																					3.0
		3			大学英语 1	45	45		3.0	3	15		集中讲授	学校导师																										3.0
		4			体育 1	24		24	1.2	2	12		集中讲授	学校导师																										1.2
		5			体育 2	28		28	1.3						2	14		集中讲授	学校导师																					1.3
		6			体育 3	28		28	1.2											2	14		集中讲授	学校导师															1.2

续表

课程模块	课程性质	序号	课程代码	考试科目	课程名称	学时分配			学分数	第一学期					第二学期					第三学期					第四学期					第五学期					第六学期					应修学分
						总计	理论讲授	实践		节数	周数	授课场地	授课方式	师资类型	节数	周数	授课场地	授课方式	师资类型	节数	周数	授课场地	授课方式	师资类型	节数	周数	授课场地	授课方式	师资类型	节数	周数	授课场地	授课方式	师资类型	节数	周数	授课场地	授课方式	师资类型	
基本素质模块	必修课	7			体育4	28		28	1.3																2	14		集中讲授	学校导师											1.3
		8			计算机应用基础	45	25	20	3.0						3	15		集中讲授	学校导师																					3.0
		9			大学生心理健康教育	32	16	16	2.0						2	16		集中讲授	学校导师																					2.0
		10			大学生安全教育1	8	6	2	0.5	2	4		集中讲授	学校导师																										0.5
		11			大学生安全教育2	8	6	2	0.5											2	4		集中讲授	学校导师																0.5
		12			大学生安全教育3	8	6	2	0.5																					2	4		集中讲授	学校导师						0.5
		13			大学生职业发展与就业指导1	12	12	0	0.8											3	4		集中讲授	学校导师																0.8

课程模块	课程性质	序号	课程代码	考试科目	课程名称	学时分配 总计	理论讲授	课程实践	学分数	第一学期 节数	周数	授课场地	授课方式	师资类型	第二学期 节数	周数	授课场地	授课方式	师资类型	第三学期 节数	周数	授课场地	授课方式	师资类型	第四学期 节数	周数	授课场地	授课方式	师资类型	第五学期 节数	周数	授课场地	授课方式	师资类型	第六学期 节数	周数	授课场地	授课方式	师资类型	应修学分
基本素质模块	必修课	14			大学生职业发展与就业指导2	12	12	0	0.7																3	4		集中讲授	学校导师											0.7
		15			大学英语2	30	30	0	2.0						2	15		集中讲授	学校导师																					2.0
		16			形势与政策1	6	6	0	0.3						3	2		集中讲授	学校导师																					0.3
		17			形势与政策2	6	6	0	0.3											3	2		集中讲授	学校导师																0.3
		18			形势与政策3	6	6	0	0.4																3	2		集中讲授	学校导师											0.4
		19			应用写作	36	36	0	2.0																3	12		集中讲授	学校导师											2.0
		20			公共任选课程（任选）	64	32	32	4.0																															4.0
		21			第二课堂	32		32																																

课程模块	课程性质	序号	课程代码	考试科目	课程名称	学时分配			学分数	第一学期					第二学期					第三学期					第四学期					第五学期					第六学期					应修学分
						总计	讲授理论课程	实践		节数	周数	授课场地	授课方式	师资类型	节数	周数	授课场地	授课方式	师资类型	节数	周数	授课场地	授课方式	师资类型	节数	周数	授课场地	授课方式	师资类型	节数	周数	授课场地	授课方式	师资类型	节数	周数	授课场地	授课方式	师资类型	
基本素质模块	必修课	22			入学教育	24	0	24	1		1		集中讲授	学校导师																										1.0
		23			军事技能与军事理论	48	0	48	2		2		集中讲授	学校导师																									2.0
		24			操行				1		1		集中讲授	学校导师																									1.0
		25			公益劳动				0																											1		集中讲授	学校导师	0.0
		26			毕业教育				0																											1		集中讲授	学校导师	0.0
		27			考试				5		1		集中讲授	学校导师		1		集中讲授	学校导师		1		集中讲授	学校导师		1		集中讲授	学校导师		1		集中讲授	学校导师						5.0
		28			社会实践（暑期进行）				5		1		集中讲授	学校导师		1		集中讲授	学校导师		1		集中讲授	学校导师		1		集中讲授	学校导师		1		集中讲授	学校导师						5.0
	小计					610	330	280	46																															46

课程模块	课程性质	序号	课程代码	考试科目	课程名称	总计	理论讲授	课程实践	学分数	第一学期 节数	周数	授课场地	授课方式	师资类型	第二学期 节数	周数	授课场地	授课方式	师资类型	第三学期	第四学期	第五学期	第六学期	应修学分
专业基础素养模块	必修课	1			造型基础（素描、色彩）	80	32	48	5.0	16	5		集中讲授	学校导师										5.0
		2			三大构成	64	24	40	4.0	16	4		集中讲授	学校导师										4.0
		3			图案设计	48	16	32	3.0	12	4		集中讲授	学校导师										3.0
		4		1	家具设计发展史	30	22	8	2.0	3	10		集中讲授	学校导师										2.0
		5			效果图表现技法1	66	22	44	5.5	11	6		集中讲授	学校导师										5.5
		6			效果图表现技法2	48	16	32	3.0						16	3		集中讲授	学校导师					3.0
		7		2	家具构造与制图	80	32	48	5.0						10	8		集中讲授	学校导师					5.0

课程模块	课程性质	序号	课程代码	考试科目	课程名称	学时分配 总计	理论讲授	课程实践	学分数	第一学期 节数	周数	授课场地	授课方式	师资类型	第二学期 节数	周数	授课场地	授课方式	师资类型	第三学期 节数	周数	授课场地	授课方式	师资类型	第四学期 节数	周数	授课场地	授课方式	师资类型	第五学期 节数	周数	授课场地	授课方式	师资类型	第六学期 节数	周数	授课场地	授课方式	师资类型	应修学分
专业基础素养模块	必修课	8			人体工程学	16	8	8	1.0						4	4		集中讲授	学校导师																					1.0
		9			家具造型设计	64	24	40	4.0						16	4		集中讲授	学校导师																					4.0
		10			AutoCAD绘图	64	24	40	4.0						16	4		集中讲授	学校导师																					4.0
		11			Photoshop	48	20	28	3.5						12	4		集中讲授	学校导师																					3.5
		12			家具材料的识别与应用	24	12	12	1.5						12	2		集中讲授	学校导师																					1.5
		13			木雕造型设计与制作	96	24	72	7.0											16	6		集中讲授	学校导师																7.0
		14			计算机效果图制作1	80	30	50	5.0											10	8		集中讲授	学校导师																5.0

续表

课程模块	课程性质	序号	课程代码	考试科目	课程名称	总计	理论讲授	课程实践	学分数	学期/授课信息	应修学分
专业基础素养模块	必修课	15			室内设计基础	32	16	16	2.0	第三学期：节数16 周数2 授课方式集中讲授 师资类型学校导师	2.0
		16			计算机效果图制作2	80	24	56	5.0	第四学期：节数16 周数5 授课方式集中讲授 师资类型学校导师	5.0
				小计		920	346	584	60.5		60.5

课程模块	课程性质	序号	课程代码	岗位模块	课程名称	总计	理论讲授	课程实践	学分数	学期/授课信息	应修学分
岗位技能模块	企业培养课程	1		家具门店店长	职前培训	16	16	0	1.0	第二学期：节数16 周数1 授课方式集中讲授 师资类型企业导师	1
		2		家具门店店长	岗位文员基础	12	18	18	1.0	第三学期：节数4 周数3 授课方式集中讲授 师资类型企业导师	1
		3		家具门店店长	岗位消防安全	16	24	24	1.0	第三学期：节数4 周数1；第四学期：节数4 周数1；第五学期：节数4 周数1；第六学期：节数4 周数1 授课方式集中讲授项目训练 师资类型企业导师	1

课程模块	课程性质	序号	课程代码	岗位模块	课程名称	学时分配			学分数	第一学期					第二学期					第三学期					第四学期					第五学期					第六学期					应修学分
						总计	理论讲授	课程实践		节数	周数	授课场地	授课方式	师资类型	节数	周数	授课场地	授课方式	师资类型	节数	周数	授课场地	授课方式	师资类型	节数	周数	授课场地	授课方式	师资类型	节数	周数	授课场地	授课方式	师资类型	节数	周数	授课场地	授课方式	师资类型	
岗位技能模块	企业培养课程	4		家具设计师	测量实践	16	12	4	1.0											16	1		集中讲授项目训练	企业导师																1
		5		家具设计师	图纸深化实践	32	12	20	2.0											16	2		集中讲授项目训练	企业导师																2
		6		家具设计师	方案设计	32	12	20	2.0											16	2		集中讲授项目训练	企业导师																2
		7		家具门店店长	板式家具选材与报价实践	32	12	20	2.0											16	2		集中讲授项目训练	企业导师																2

续表

课程模块	课程性质	序号	课程代码	岗位模块	课程名称	学时分配			学分数	第一学期					第二学期					第三学期					第四学期					第五学期					第六学期					应修学分
						总计	理论讲授	课程实践		节数	周数	授课场地	授课方式	师资类型	节数	周数	授课场地	授课方式	师资类型	节数	周数	授课场地	授课方式	师资类型	节数	周数	授课场地	授课方式	师资类型	节数	周数	授课场地	授课方式	师资类型	节数	周数	授课场地	授课方式	师资类型	
岗位技能模块课程	企业培养课程	8		家具技术培训员	拆单软件实践	32	12	20	2.5																16	2		集中讲授项目训练	企业导师											2.5
		9		家具技术培训员	板式家具开料设计	32	12	20	2.0																16	2		集中讲授项目训练	企业导师											2
		10		家具技术培训员	板式家具封边技术	16	12	4	1.0																16	1		集中讲授项目训练	企业导师											1
		11		家具技术培训员	自动化打孔技术	16	12	4	1.0																16	1		集中讲授项目训练	企业导师											1

课程模块	课程性质	序号	课程代码	岗位模块	课程名称	学时分配			学分数	第一学期					第二学期					第三学期					第四学期					第五学期					第六学期					应修学分
						总计	理论讲授	课程实践		节数	周数	授课场地	授课方式	师资类型	节数	周数	授课场地	授课方式	师资类型	节数	周数	授课场地	授课方式	师资类型	节数	周数	授课场地	授课方式	师资类型	节数	周数	授课场地	授课方式	师资类型	节数	周数	授课场地	授课方式	师资类型	
岗位技能模块	企业培养课程	12		家具技术培训员	家具试装实践	40	12	28	2.0																					20	2		集中讲授项目训练	企业导师						2
		13		家具技术培训员	家具安装工程	40	12	28	2.0																					20	2		集中讲授项目训练	企业导师						2
		14		家具企业行政主管	全屋定制项目流程管理实践	80	24	56	4.0																					20	4		集中讲授项目训练	企业导师						4
		15		家具门店店长	设计营销	40	12	28	1.5																					20	2		集中讲授项目训练	企业导师						1.5

课程模块	课程性质	序号	课程代码	岗位模块	课程名称	学时分配			学分数	第一学期					第二学期					第三学期					第四学期					第五学期					第六学期					应修学分
						总计	理论讲授	课程实践		周数	节数	授课场地	授课方式	师资类型	周数	节数	授课场地	授课方式	师资类型	周数	节数	授课场地	授课方式	师资类型	周数	节数	授课场地	授课方式	师资类型	周数	节数	授课场地	授课方式	师资类型	周数	节数	授课场地	授课方式	师资类型	
岗位技能模块	企业培养课程	16		家具企业行政主管	毕业设计与答辩	120	34	86	8.5																					20	6		集中讲授	企业导师						8.5
		17		家具技术培训员	实木家具设计与制作综合实践	144	32	112	4.0																										24	6		集中讲授项目训练	企业导师	4
		18		家具设计师	创新家具设计与制作综合实践	120	32	88	4.0																										24	5		项目训练	企业导师	4
		19		家具企业行政主管	家具项目管理综合实践	144	32	112	5.0																										24	6		项目训练	企业导师	5
					小计	980	344	636	47.5																															47.5
岗位拓展模块	限选课	1		家具设计师	家具专题设计	72	24	48	4.5											24	3		集中讲授项目训练	学校导师 企业导师															4.5

课程模块	课程性质	序号	课程代码	岗位模块	课程名称	学时分配 总计	理论讲授	课程实践	学分数	第一学期	第二学期	第三学期 节数	周数	授课场地	授课方式	师资类型	第四学期 节数	周数	授课场地	授课方式	师资类型	第五学期	第六学期	应修学分
岗位拓展模块	任选课	2		家具设计师	软体家具设计与制作	80	32	48	5.0			10	8		集中讲授 项目训练	学校导师 企业导师								5
	任选课	3		家具设计师	Corel DRAW	40	20	20	2.5			4	10		集中讲授 项目训练	学校导师 企业导师								2.5
	任选课	4		家具设计师	家具项目设计	80	32	48	5.0								16	5		项目训练	企业导师			5
	限选课	5		家具技术培训员	家具涂料与涂装技术	48	16	32	3.0								16	3		集中讲授 项目训练	学校导师 企业导师			3

课程模块	课程性质	序号	课程代码	岗位模块	课程名称	学时分配			学分数	第一学期					第二学期					第三学期					第四学期					第五学期					第六学期					应修学分
						总计	理论讲授	课程实践		节数	周数	授课场地	授课方式	师资类型	节数	周数	授课场地	授课方式	师资类型	节数	周数	授课场地	授课方式	师资类型	节数	周数	授课场地	授课方式	师资类型	节数	周数	授课场地	授课方式	师资类型	节数	周数	授课场地	授课方式	师资类型	
岗位拓展模块	任选课	6		家具设计师	室内陈设品设计与制作	80	16	64	5.0																16	5		集中讲授项目训练	学校导师企业导师											5
	任选课	7		家具门店店长	空间展示设计	32	8	24	2.0																					16	2		集中讲授项目训练	学校导师企业导师						2
	限选课	8		家具企业行政主管	市场考察	40	16	24	2.0																										40	1		外出市场调研	学校导师企业导师	2
小计						472	164	308	29.0																															29
限选课最低要求学时学分						40	40	0	2.0																															
任选课最低要求学时学分						54	54	0	3.0																															
总学分、总学时，必修课 + 限选课周学时合计						2550	1060	1490	156.0																															

十二、教学基本条件

本专业实施校企联合培养，一体化育人的长效机制，完善学徒培养的教学文件、管理制度和相关标准，推进专兼结合、校企互聘共用的双导师教学团队建设。校企签订现代学徒制合作育人协议，学校、企业与学生（家长）签订三方协议，制订了合作育人的教学管理工作制度，企业提供足够的学徒学习工作岗位，经验丰富的企业导师和岗位课程教学内容。为现代学徒制的实施提供了充分的教学环境和条件。

（一）学校条件

1. 校内导师条件

学校导师要求具有一定的职业教育经验和工作经历，对现代学徒制的人才培养模式内涵有深入的认识和了解，能够在一体化育人过程中对现代学徒制人才培养方案、课程体系、教学管理和组织实施等各方面进行制定、修订和完善。学校导师应具备以下条件：

（1）遵守法律法规，热爱教育事业，具有良好的职业道德，为人师表，爱岗敬业；

（2）具有良好的身体素质和心理素质，工作认真负责，善于表达沟通，言传身教，德才兼备；

（3）具有高等职业学校及以上教师资格证书，原则上在行业企业相关岗位有工作经历和实践经验，硕士及以上学历，中级以上职称；

（4）熟悉家具艺术设计和生产技术等相关理论知识，熟悉国家规定的相关生产技术、管理规范和标准；

（5）连续三年主持（独立）完成2门以上专业主干课程的教学任务，具备运用本专业知识解决实际问题的能力，具有设计创新思维和艺术表达能力，教学方法和内容能够满足学徒岗位教学的要求。

2. 校内实训室

校企共建家具生产加工一体化实训室、家具设计实训室、雕刻艺术造型实训室、家具构造与制图实训室，能够满足专业教学和学徒培养的需要。

主要设施设备及数量见表12。

校内实训室一览表　　　　　　　　　　　　　　　　表12

序号	实训室名称	实训室功能	设备配置要求	
			主要设备名称	数量
1	家具生产加工一体化实训室	可对板式家具、实木家具、软体家具等进行生产加工，掌握和熟悉家具各类生产材料和工艺流程	多功能裁板机	5
			全自动钻孔机	3
			全自动封边机	3
			自动冷压机	2

序号	实训室名称	实训室功能	设备配置要求	
			主要设备名称	数量
1	家具生产加工一体化实训室	可对板式家具、实木家具、软体家具等进行生产加工，掌握和熟悉家具各类生产材料和工艺流程	推台锯	3
			实木开榫机、镂铣机	8
			中央除尘系统	2
2	家具设计实训室	VR 虚拟现实设备，图形处理工作站，设计电脑，教学电子屏，用于家具艺术设计的课程教学和示范	VR 一体化机	5
			设计电脑	100
			图形工作站	20
			打印扫描一体机	2
			触控多媒体数字屏	3
3	雕刻艺术造型实训室	可进行家具实木部件雕刻，家具产品模型打样和数字化成型等实践实操	激光雕刻机	2
			二维、三维雕刻机	5
			打标机	2
			3D 打印机	3
4	家具构造与制图实训室	可进行家具构造展示与制图实践教学	画法几何模型、家具模型、构造模型、结构模型、配套图纸等	—
			制图桌椅及制图工具	100

（二）企业条件

1. 企业导师条件

（1）遵守法律法规，热爱教育事业，具有良好的职业道德，爱岗敬业；

（2）具有良好的身体素质和心理素质，工作认真负责，善于表达沟通，责任心强，言传身教，德才兼备；

（3）能服从学校的教学管理，遵守各项教学管理规章制度；

（4）具有 5 年以上从事家具设计和生产相关岗位工作经历，熟悉企业安全管理制度，专科及以上学历；

（5）具有丰富的企业人力资源管理、技术服务和培训等相关岗位工作经验，熟悉家具设计生产工艺和项目安全管理知识，熟悉国家规定的施工技术、规范、标准，熟悉安全文明标准化管理等。

2. 岗位培养条件

合作企业为企业资质等级二级以上的企业，岗位培养的项目场地应符合人才培养的目标所要求的家具设计和生产工程项目，企业的项目数量能够满足学徒数量的要求，学徒在家具设计师目标岗位上进行在岗培养，并安排在家具技术管理员、门店店长、企业行政主管等岗位进行轮岗培养，在以上岗位轮岗或协助以上三个岗位技术人员完成相应岗位工作时间一般应不少于 15 个工作日；每名企业导师指导学徒数量不超过 5 人。

十三、教学实施建议

（一）教学要求

1. 职业基本素质课程

根据不同基础课程和企业实际特点，教学安排中发挥职业基本素质课程的灵活性和规范性，以网络课程、在线学习等形式优化课程结构和体系，为有效提升学徒学习兴趣和专业素养，培养其专业学习能力奠定基础，使课程内容符合教育部职业教育教学要求。

2. 专业技术技能课程

突出以家具设计和生产过程为导向的专业技术技能课程设计，构建以岗位能力为导向的课程模块，以岗位培养、工学交替为主体，组织多种形式的项目培训、集中讲授、任务训练和职业岗位能力培养。发挥团队协作精神，锻炼发现问题、分析问题和解决问题的综合应用能力。

（二）教学组织形式

根据现代学徒制人才培养教学模式，校企共同参与人才培养全过程，根据家具行业岗位发展和专业教学特点，形成双主体、分段式、工学交替的教学组织模式。将家具艺术设计专业教学分为四个阶段：职业认知阶段、职业知识提升阶段、职业技能强化阶段、职场综合能力应用阶段，分别对应职业基本素质课程、专业技术技能课程、职业岗位能力课程、专业拓展课程的教学路线。

家具艺术设计专业课程采取集中教学和岗位培养交替教学模式。灵活安排校内专业理论讲授和企业岗位能力培养时间，集中教学、理论讲授、企业培训、任务训练等教学内容和岗位教学任务都由校企双导师共同指导完成。（1）职业认知阶段：转变职业学习观念，培养政治素质和职业基本能力。其中，第一学期以公共基础课程和专业基础课程教学为主，第二学期为专业理论课程和专业岗位基础课程；（2）职业知识提升阶段：培养专业理论知识、基础技术技能和职业素养，在第三学期将专业核心课程与家具生产实践交替进行；（3）职业技能强化阶段：以企业职业岗位能力为导向，培养专业专项技能和实操能力，在第四学期将专业拓展和生产实践课程相结合；（4）职场综合能力应用阶段：以专业拓展课程教学为主体，培养职业综合应用能力和解决问题能力。其中，第五学期完成专业综合课程和岗位技能培训，第六学期进行综合业务素质拓展和岗位能力课程培养。

（三）学业评价

校企共同研究开发人才培养方案和制订学业评价考核方案，引入家具行业和企业岗位标准，突出专业知识和岗位技能的考核评价主要内容，以项目和任务驱动、分组讨论等教学形式引导学徒在企业工作环境中完成工作任务，使教学过程评价和效果评价相结合。学业评价形式采用"考查＋考试＋考查"相结合，对理论知识、实操考核鉴定、综合专业素养等多方面进行综合考评。实施现代学徒制特点的多元化、多维度的学业评价形式，学徒评价采用自评、互评、教师（师傅）评价、企业评价和学徒制工作小组评价，将家具艺术设计专业项目策划和任务指导书贯穿教学全过程，突出综合素质评价和岗位能力评价的重要性。

（四）教学管理

校企共同构建规范和灵活的教学管理制度，教学过程中合理调配导师、教学设备和实践场地等教学资源，加强教学过程的质量监控，提升双导师教学水平和学徒专业实践应用能力，保证教学质量。教学管理实行校企双重管理，建立以教学管理系统、教学评价系统和信息反馈系统为主体的教学管理机制：

（1）建立教学管理组织协调系统，对学徒日常在校课堂学习情况和在企业岗位培养情况进行全程管理和监控，及时解决培养过程中的教学问题。

（2）建立校企双导师教学评价系统，聘请有丰富教学经验和工作经验的企业导师和校内导师组成教学督导团队，对教学内容和岗位培养情况实施全面跟踪测评。

（3）建立信息反馈系统，及时反馈培养效果，反馈在培养过程中存在的教学问题。

（五）质量监控

学校、企业和学徒共同承担教学质量监控工作。学校教务处、系部和督导深入课堂听课监督，组织座谈，查阅教学过程记录，抽查课程任务训练完成情况；企业要定期检查项目完成进展，做好相关的教学记录和协调工作，要对导师进行教学质量监督和把控；学徒定期向学校和企业相关部门反馈教学实施过程中存在的问题，并由学校和企业共同商定解决问题的方案。确保教学质量得到全程有效监控和规范化管理。

现代学徒制
家具艺术设计专业核心课程标准

（"校中厂"模式—岗位技能模块）

现代学徒制家具艺术设计专业
"板式家具封边技术"课程标准

一、课程基本信息

课程名称	板式家具封边技术		课程编码				
课程类别	企业培养课程		学制	三年			
建议总学时	16	集中授课学时	0	企业培训	8	任务训练学时	8	在岗培养学时	0
课程承担单位			适用岗位	家具技术管理员			
合作单位			制定人员				
制定日期			审核日期				

二、课程定位

（一）课程对应的岗位及其任务

本课程结合家具设计项目，使学徒充分了解家具的生产工艺及材料属性。学习重点在于对设备的认识与使用，结合典型工作任务，开展封边工序手动实践课程，让学习者对设备的认识与使用，工艺流程的掌握，生产辅料的认识，能分辨塑胶封边条、实木封边条等的区别。通过本课程的学习，建立图纸语言能力，清晰表达。当发现问题时及时更变方案，或用工艺材料上加以弥补。课程旨在培养学徒依照国家标准要求进行的实践设计应用能力，针对具体目标用户需求系统分析的实践能力。并结合现代学徒制合作企业的设计生产家具种类安排相应的课程案例与作业任务。

（二）课程性质

企业培养课程。

（三）课程地位

本课程是岗位技能模块的企业培养实践课程，是家具设计中的操作实践课之一。依照家具行业相关的国家标准要求，以加强行业规范的应用，使学徒了解板式家具封边的工艺、参数、技术等基础知识，了解封边的工艺及相关机器设备的工作原理，掌握板式家具封边工艺与质量把控等理论知识，以及不同板材、家具要求所使用的不同类型的封边条及封边工艺，有助于在家具设计实践中发现存在的问题。

在课程体系中，该课程与家具构造与制图、Auto CAD 绘图、家具材料识别与应用等校内专业课相辅相成，成为家具设计专业重要岗位实践课程之一，与后续的自动化打孔技术等企业岗位实践课程承前启后，课程具有综合性、实践性的特点，是板式家具生产环节重要的技术课程。

三、课程设计思路

以实践项目为导向，突出学徒在岗位的"封边工艺选择—封边加工实操"的技能培养为主线，以板式封边任务为载体，培训传统封边的工艺要点、自动化封边机的材料装配，以及封边设备的运行操作，包括操作安全措施、传送带放板料、开机操作、清理维护设备等基础操作流程；分析职业岗位的任务要求，确定岗位培训的内容，课程内容包括 4 块内容：观摩了解封边的工艺流程与相关设备；分析封边工艺相关的板式家具设计要领；手动封边设备—异形封边机、烘干、裁边、修倒角等手工要领与安全操作；自动封边机的参数设置与任务操作实践。

四、课程目标

（一）总体目标

了解板式家具设计板材选择与封边工艺相关技术的关联性，能够对传统封边机、异形封边机的裁边、修边打磨等手工加工环节的安全规范操作，能够运用自动封边机进行安全规范操作与基本日常维护保养。

（二）具体目标

1. 能力目标

（1）能辨识板式家具的封边工艺与材料种类。

（2）熟练操作自动封边设备的封边安全生产。

（3）熟练操作异形封边机、手工裁边、手工修边的手动封边制作。

（4）能在生产后对封边设备进行清理维护。

2. 知识目标

（1）了解板式家具设计与封边工艺的关系。

（2）掌握封边设备的工艺理论知识。

（3）掌握封边工艺中涂胶、粘合、裁边、倒角、打磨等工艺流程知识。

（4）熟悉封边机安全操作理论。

3. 职业素养目标

（1）遵守职业道德规范，有良好的职业素养。

（2）具有健康的体魄和良好的心理素质。

（3）有良好的人际沟通交流与团队合作能力。

（4）具备较强的安全意识和责任意识。

五、课程内容和要求

1. 企业培训内容

任务名称	主要内容	学习目标	课时
板式家具的封边工艺种类	1. 板式家具封边工艺的发展与现状 2. 手动封边设备与生产工艺 3. 自动封边设备与生产工艺	1. 了解板式家具的封边的机器设备 2. 了解板式家具封边的技术流程	4
封边设备的工艺理论知识与封边材料	1. 封边条种类：PVC 封边条、实木封边条等 2. 板材与封边条的搭配与性能 3. 粘合剂与涂胶工艺知识 4. 倒角工艺 5. 打磨工艺	1. 掌握封边原理与精度质量的关系 2. 了解封边条种类 3. 结合封边工艺把握设计封边质量与效果	4

2. 任务训练内容

任务名称	任务要求	训练目标	课时
自动封边设备的封边安全操作	1. 根据企业项目安排板式封边任务 2. 根据板材对封边条等进行工艺选择 3. 综合利用自动封边机进行操作实践	1. 掌握根据设计要求进行合理的封边工艺选择 2. 独立完成封边流程操作 3. 完成自动封边生产后能对设备进行日常的清理维护	4
手动封边设备的封边安全生产	1. 根据企业项目安排板式异形封边任务 2. 对异形封边机进行安全操作 3. 综合利用自动封边机进行操作实践	1. 掌握异型封边机的规范操作 2. 独立完成手动封边流程操作	4

六、实施要求及建议

（一）师资要求

企业导师应具有家具设备操作上岗证书，熟悉家具设备的生产流程，具有一定项目设计实践经验。熟悉家具车间安全生产规章制度及各类家具机器设备的安全操作手册。熟悉课程教学内容及企业岗位工作任务和工作过程；掌握数控 CNC 封边设备及软件的操作使用。

（二）考核要求

采用笔试、面试和任务考核。其中笔试占 30%，面试占 30%，任务考核占 40%。

（三）教材编写建议

从现代学徒制合作企业的工作岗位实际工作出发，根据国内板式家具行业的封边工序进行企业考察调研，确定课程目标及教学内容，编写既能满足学徒学习需求又符合实施项目化教学要求的讲义。

（四）教学建议

本课程以培养具备家具行业板式家具生产流程中的板式封边的设计与操作实践能力，独立完成封边环节设计到生产的应用能力为目标，在培训内容安排上突出软件的实用性，强调熟悉生产设备及技术与前期设计的重要性，集中讲授机器设备不同加工参数与部件的特点及在实际中的应用。

教学形式主要有企业培训、任务训练，企业培训讲授封边原理知识及封边设备的基本技术与操作应用，任务训练按照培训要求结合实际项目进行实践操作，了解在设计工作中对封边知识的运用，岗位实践是在企业导师监督下运用培训阶段所学自动封边与手动封边技术完成封边任务。在整个教学过程中，必须对学徒的实践活动进行规范操作与安全培训，以加强对机器设备操作的安全预防。

（五）课程资源开发与利用

1. 作为封边环节未来趋势，重视数控封边软件的应用培训，开发校本教材。
2. 编写教材与教材配套的试题、习题、考核评价表、教学案例和课件等教学资源。
3. 建立网络资源共享平台，供学徒学习、教学互动等，提供远程学习辅导。

七、其他说明

教材与参考书。
教材：自编讲义。

参考文献

[1] 陶涛. 家具制造工艺 [M]. 北京：化学工业出版社，2013.
[2] 刘晓红，江功南. 板式家具制造技术及应用 [M]. 北京：高等教育出版社，2010.

现代学徒制家具艺术设计专业
"板式家具开料设计"课程标准

一、课程基本信息

课程名称	板式家具开料设计		课程编码				
课程类别	企业培养课程		学制	三年			
建议总学时	32	集中授课学时	0	企业培训	16	任务训练学时	0	在岗培养学时	16
课程承担单位			适用岗位	家具技术管理员			
合作单位			制定人员				
制定日期			审核日期				

二、课程定位

（一）课程对应的岗位及其任务

本课程结合家具设计项目，使学徒充分了解家具的生产工艺及材料属性。学习者的学习重点在于对设备的认识与使用，结合典型工作任务，开展开料工序手动实践课程，让学习者加强对设备的认识与使用，工艺流程的掌握，生产辅料的认识，能分辨结构孔、系统孔、板槽的区别。通过本课程的学习，建立图纸语言能力，清晰表达。当发现问题时及时变更方案，或从工艺材料方面加以弥补。课程旨在培养学徒依照国家标准要求的实际设计应用能力，针对具体目标用户需求进行系统分析的实践能力，并结合现代学徒制合作企业的设计生产家具种类安排相应的课程案例与作业任务。

（二）课程性质

企业培养课程。

（三）课程地位

本课程是岗位技能模块的企业培养实践课程，是家具设计中的操作实践课之一。依照家具行业相关的国家标准要求，以加强行业规范的应用，使学徒了解板式家具开料的工艺、参数等基础知识，了解开料的工艺及相关机器设备的工作原理，掌握板式家具开料、板槽、孔位等理论知识，以及提高开料绿色节约与方法，有助于在家具设计实践中发现存在的问题。

在课程体系中，该课程与家具构造与制图、Auto CAD 绘图、人体工程学等校内专业课相辅相成，成为家具设计专业重要岗位实践课程之一，与后续的板式家具封边技术等企业岗位实践课程承前启后，课程具有综合性、实践性的特点，是板式家具生产环节重要的技术课程。

三、课程设计思路

以实践项目为导向，突出在岗位的"软件绘制—设备操作"的技能培养为主线，以板式开料任务为载体，培训传统开料的工艺要点、和数控开料机的数字控制软件的基础命令，以及开料设备的运行操作，包括操作安全措施、放板料、开机、清理维护设备等基础操作流程；分析职业岗位的任务要求，确定岗位培训的内容；课程内容包括5块内容：观摩了解开料的工艺流程与相关设备；分析开料工艺相关的板式家具设计要领；传统开料设备如推台锯、曲线锯、镂铣机等技术要领与安全操作；数字开料机的软件培训与操作实践；板式家具开料岗位实践。

四、课程目标

（一）总体目标

了解板式家具设计与开料工艺相关技术的关联性，掌握数控开料设备数字文件的制作方法。能够对传统开料机：推台锯、曲线锯、镂铣机等的安全规范操作，能够对数控开料机进行安全规范操作。

（二）具体目标

1．能力目标

（1）掌握运用数控开料机软件云溪CNC出开料文件。

（2）熟练操作数控开料设备的开料安全生产。

（3）熟练操作推台锯、曲线锯、镂铣机的开料生产。

（4）能在生产后对开料设备进行清理维护。

2．知识目标

（1）了解板式家具设计与开料工艺的关系。

（2）掌握开料设备的工艺理论知识。

（3）掌握开料工艺中裁切、开槽、打孔等工艺流程知识。

（4）熟悉开料机安全操作理论。

3．职业素养目标。

（1）遵守职业道德规范，有良好的职业素养。

（2）具有健康的体魄和良好的心理素质。

（3）有良好的人际沟通交流与团队合作能力。

（4）具备较强的安全意识和责任意识。

五、课程内容和要求

1. 企业培训内容

任务名称	主要内容	学习目标	课时
板式家具开料的工艺流程	1. 板式家具开料工艺的发展与现状 2. 传统开料设备与生产工艺 3. 数控开料设备与生产工艺	1. 了解板式家具的开料的机器设备 2. 了解板式家具开料的技术流程	2
开料工艺与板式家具设计要领	1. 裁切的圆锯与切口耗损及质量 2. 裁切的线距与切口耗损及质量 3. 开槽与切口耗损及质量 4. 曲线裁切的工艺与精度 5. 数控开料机的一体化生产	1. 掌握裁切原理与精度质量的关系 2. 了解裁切刀路的限制 3. 结合开料设备把握设计过程的生产可行性	2
传统开料设备技术要领与安全操作	1. 推台锯的技术与安全操作 2. 曲线锯的技术与安全操作 3. 镂铣机开槽技术与安全操作 4. 设备的清理与保养维护	1. 掌握传统开料设备的技术要点与安全操作 2. 了解设备保养与设备零件的损耗	6
数字开料机的软件培训与操作实践	1. 云溪 CNC 数控软件的操作命令 2. 软件的板式家具参数绘制 3. CNC 刀路文件的导出 4. 数控开料机的技术要求与安全操作	1. 掌握数控开料设备的技术要点与安全操作 2. 了解设备保养与设备零件的损耗 3. 熟悉数控开料的优劣势	6

2. 在岗培养内容

任务名称	任务要求	训练目标	课时
板式家具开料岗位实践	1. 根据企业项目安排一个难度适中的板式开料任务 2. 根据开料轮廓、尺寸、孔位进行工艺选择 3. 综合利用传统开料设备与数控 CNC 设备进行操作实践	1. 掌握根据设计要求进行合理的开料工艺选择 2. 独立完成开料流程操作 3. 完成开料生产后能对设备进行日常的清理维护	16

六、实施要求及建议

（一）师资要求

企业导师应具有家具设备操作上岗证书，熟悉家具设备的生产流程，具有一定项目设计实践经验。熟悉家具车间安全生产规章制度及各类家具机器设备的安全操作手册。熟悉课程教学内容及企业岗位工作任务和工作过程；掌握数控 CNC 开料设备及软件的操作使用。

（二）考核要求

采用笔试、面试和任务考核。其中笔试占 30%，面试占 30%，任务考核占 40%。

（三）教材编写建议

与现代学徒制合作企业具体岗位实际工作出发，根据国内板式家具行业的开料工序进行企业考察调研，确定课程目标及教学内容，编写既能满足学徒学习需求又符合实施项目化教学要求的讲义。

（四）教学建议

本课程以培养具备家具行业板式家具生产流程中的板式开料的设计与操作实践能力，独立完成开料环节设计到生产的应用能力为目标，在培训内容安排上突出软件的实用性，强调熟悉生产设备及技术与前期设计的重要性，集中讲授机器设备不同加工参数与部件的特点及在实际中的应用。

教学形式主要有企业培训、任务训练，企业培训讲授开料原理知识及开料设备的基本技术与操作应用，任务训练按照培训要求结合实际项目进行实践操作，了解学徒在设计工作中对开料知识的运用，岗位实践是在企业导师监督下运用培训阶段所学 CNC 软件与工艺知识技术完成开料任务。在整个教学过程中，必须对学徒的实践活动进行规范操作与安全培训，以加强对机器设备操作的安全预防。

（五）课程资源开发与利用

1. 作为开料环节未来趋势，重视数控开料软件的应用培训，开发校本教材。

2. 编写教材与教材配套的试题、习题、考核评价表、教学案例和课件等教学资源。

3. 建立网络资源共享平台，供学徒学习、教学互动等，提供远程学习辅导。

七、其他说明

教材与参考书。

教材：自编讲义。

参考文献

[1] 陶涛. 家具制造工艺 [M]. 北京：化学工业出版社，2013.

[2] 刘晓红，江功南. 板式家具制造技术及应用 [M]. 北京：高等教育出版社，2010.

现代学徒制家具艺术设计专业
"拆单软件实践"课程标准

一、课程基本信息

课程名称	拆单软件实践		课程编码					
课程类别	企业培养课程		学制		三年			
建议总学时	32	集中授课学时	0	企业培训	16	任务训练学时	0	在岗培养学时	16
课程承担单位			适用岗位		家具技术管理员			
合作单位			制定人员					
制定日期			审核日期					

二、课程定位

（一）课程对应的岗位及其任务

拆单软件的使用是定制家具最为基本的软件，而拆单是整个家居设计的灵魂所在，在接单后设计人员进行空间的测量与设计，经过设计制图后实行家具的拆单，将家具拆分成零散的部件如：隔板、把手、五金等，所以它是一个验证之前家具的设计是否合理，使用是否符合人体工程学的一个重要过程。课程旨在培养拆单的实际应用能力，以及拆单软件的使用能力。

（二）课程性质

企业培养课程。

（三）课程地位

本课程是家具艺术设计的专业课程，是学习家具专业技术技能课程的验证实践课。板式家具设计生产环节重要的岗位课程之一。

三、课程设计思路

以岗位需求为导向，突出拆单应用能力的培养路线为主，课程包括 7 项内容，将板式家具的拆解、分包再整合形成一个整体的实践能力和技术手段，与企业工作岗位需求紧密对接。

四、课程目标

（一）总体目标

具备独立进行家具 Auto CAD 制图设计，并能将其设计和构图通过三视图表现出来；掌握各类家具设计的专业知识；能独立设计家具 Auto CAD 图纸，家具建模。

（二）具体目标

1. 能力目标

（1）了解板式家具分类、机器应用以及板材类型。

（2）熟悉板式家具设计常用命令基础。

（3）熟练不同板式家具设计要求。

（4）掌握 Auto CAD 与拆单软件开料、结合板式家具应用，能够对板式家具进行拆单处理。

2. 知识目标

（1）熟悉常用三种不同风格橱柜、衣柜三视图设计结构。

（2）方案设计和深化设计能力强，有较强的方案把控能力。

（3）了解常用几种不同风格柜类的三视图设计。

3. 职业素养目标。

（1）遵守职业道德规范，有良好的职业素养。

（2）具有健康的体魄和良好的心理素质。

（3）有良好的人际沟通交流与团队合作能力。

（4）具备较强的责任意识。

五、课程内容和要求

1. 企业培训内容

任务名称	主要内容	学习目标	课时
板式家具分类、机器应用以及板材类型（理论结合实操）	1. 了解板式家具分类 2. 机器设备应用 3. 板材各种类型	熟练掌握板式家具	4
Auto CAD 板式家具设计常用命令基础讲解（应用与实战）	1. 掌握基础软件操作 2. 熟练运用 Auto CAD 绘制板式家具设计图	软件基础流程操作和生产设置讲解	4
Auto CAD 与拆单软件开料、结合板式家具应用（软件应用与实战）	掌握软件使用过程的整个流程步骤操作，以及基本的画图方法	软件基础流程操作和生产设置讲解；常见画图方法和产品管理设置讲解；组件操作设置方法讲解	8

2．在岗培养内容

任务名称	任务要求	训练目标	课时
衣柜类组件操作及修改	训练衣柜类型家具的拆单步骤和方法	能够熟悉衣柜类型家具的拆单步骤和方法	4
抽屉类小组件操作及修改	训练抽屉类型家具的拆单步骤和方法	能够熟悉抽屉类型家具的拆单步骤和方法	4
孔位设置方法和异形管理	训练家具孔位的设置方法	学习家具孔位的设置方法	4
梁柱切角和板件属性栏操作	训练家具梁柱切角和板件属性栏操作	学习家具梁柱切角和板件属性栏操作	4

六、实施要求及建议

（一）师资要求

专业从事板式家具数控行业 5 年以上，深知行业细则，在数控领域有所建树。精通板式家具设计与加工工艺，熟悉木工数控加工中心及各种板式家具生产机械，有板式家具设计和拆单教学经验。

（二）考核要求

"拆单"是对"拆分订单"工作的简称，指生产企业接到外部订单，设计部门设计出产品图纸后，相关人员按照生产工艺将整个图纸拆分为零部件，明确各级零部件生产要求的订单分解工作。拆单以橱柜行业为例，拆单人员依照生产工艺对设计部门的橱柜设计图纸进行拆单，明确橱柜门板、箱体、五金配件等各个子单元的具体生产参数，并提交各个子单元的详细需求清单。拆单工作完成后，采购部门按照拆单后形成的材料需求清单进行采购，生产部门按照各个零部件具体标准和要求进行生产。

（三）教材编写建议

以企业岗位能力要求和职业资格标准为指导，根据岗位能力必须具备的知识和技能，确定课程目标及教学内容，编写既能满足学徒学习需求又符合实施项目化教学要求的校本教材。

（四）教学建议

课程教学采用集中授课、企业培训、任务训练、岗位培养形式，突出岗位技能和职业素质的培养。集中授课教师以讲解理论和针对实践中的问题进行答疑，小组讨论等形式为主；企业培训以企业导师培训实践操作的示范和讲解为主；任务训练和岗位培训则是在企业导师指导下在设计师岗位工作中完成。在整个教学过程中，必须对学徒实践活动进行理论指导，以加强对拆单软件运用各环节的理解，在岗位培养中要加强职业素养的养成教育。

（五）课程资源开发与利用

1. 针对拆单软件应用培训，开发校本教材。

2. 编写教材与教材配套的试题、习题、考核评价表、教学案例和课件等教学资源。

七、其他说明

教材与参考书。

教材：自编讲义。

参考教材

王浩. UG 板式家具设计从入门到精通 [M]. 北京：电子工业出版社，2015.

现代学徒制家具艺术设计专业
"创新家具设计与制作综合实践"课程标准

一、课程基本信息

课程名称	创新家具设计与制作综合实践			课程编码					
课程类别	企业培养课程			学制		三年			
建议总学时	120	集中授课学时	0	企业培训	40	任务训练学时	0	在岗培养学时	80
课程承担单位				适用岗位		家具设计师			
合作单位				制定人员					
制定日期				审核日期					

二、课程定位

（一）课程对应的岗位及其任务

本课程是家具设计的综合实践，通过实践课程后，发挥构思创意、各功能的合理性，要求学徒立意新颖，提炼出自己的观点，通过训练提高创新研发能力。课程旨在培养学徒提出创新设计包括：新理念、新材料、新结构、新技术的设计应用能力，针对现有生产成型条件进行打样制作的实践能力。并结合现代学徒制合作企业的设计项目安排相应的课程案例与作业任务。

（二）课程性质

企业培养课程。

（三）课程地位

本课程是岗位技能模块的企业培养实践课程，是家具设计中的专业拓展课之一。依照家具设计师资格能力要求，以加强创新能力的培养，拓宽眼界开阔设计思路，了解家具创新发展的方向，掌握创新设计的各种设计创新方法与理论知识，掌握 3D 扫描仪、3D 打印机等研发打样的技术手段以及各类手动工具的操作使用。

在课程体系中，该课程与计算机效果图制作、效果图表现技法、人体工程学等校内专业课相辅相成，成为家具设计专业重要岗位能力拓展课程之一，与后续的实木家具设计与制作综合实践课等企业岗位实践课程承前启后，课程具有综合性、实践性的特点，是家具创新研发重要的能力课程。

三、课程设计思路

以实践项目为导向，突出学徒在岗位的家具设计创新研发的技能培养为主线，以项目任务为载体，培训家具创新相关的设计思维要点、结合不同的创新设计方向，新设计理念，例如新中式等文化设计理念创新；新材料，例如新型人工复合材料与传统材料的引入；新技术，例如人工智能理念与数字网络在家具家居设计中的发展趋势等；分析职业岗位的任务要求，确定岗位培训的内容；课程内容包括5块内容：国内外家具家居创新理念；家具造型创新成型技术；创新设计思维方法；家具创新设计"跨界"技术；家具创新研发设计的岗位实践。

四、课程目标

（一）总体目标

了解家具设计相关的国内外家具家居创新理念，掌握 3D 扫描仪、数控雕刻机、3D 打印机等成型技术方法。能够对研发打样的小型木工机械设备进行安全规范操作，能够针对企业项目制作创新设计方案与解决方案。

（二）具体目标

1. 能力目标

（1）掌握运用数控封边机软件云溪 CNC 出封边文件。

（2）熟练操作数控封边设备的封边安全生产。

（3）熟练操作推台锯、曲线锯、镂铣机的封边生产。

（4）能在生产后对封边设备进行清理维护。

2. 知识目标

（1）了解板式家具设计与封边工艺的关系。

（2）掌握封边设备的工艺理论知识。

（3）掌握封边工艺中裁切、开槽、打孔等工艺流程知识。

（4）熟悉封边机安全操作理论。

3. 职业素养目标

（1）遵守职业道德规范，有良好的职业素养。

（2）具有健康的体魄和良好的心理素质。

（3）有良好的人际沟通交流与团队合作能力。

（4）具备较强的安全意识和责任意识。

五、课程内容和要求

1. 企业培训内容

任务名称	主要内容	学习目标	课时
国内外家具家居创新理念	1. 国内家具创新发展案例与现状 2. 国外家具创新发展案例与现状 3. 相关家居产品与文创工艺品等的创新案例与现状 4. 创新家具市场调查	1. 了解国内外家具创新市场状况 2. 了解相关创意领域的市场状况与发展	15
创新设计思维方法与设计	1. 头脑风暴创新方法与设计应用 2. 发散式思维方法与设计应用 3. 创新团队的创意思维板组织方法 4. 案例项目创新设计实践	1. 掌握创新创意思维方法 2. 了解团队的创新思维组织形式	25

2. 在岗培养内容

任务名称	任务要求	训练目标	课时
家具造型创新成型技术	1. 3D 扫描仪应用与数字模型处理 2. 3D 打印机应用 3. 数控雕刻机应用 4. 小型电动木工机械应用	1. 掌握创新研发打样成型设备的使用 2. 掌握数控模型—数控成型的应用	25
家具创新设计"跨界"技术	1. 软体材料的家具创新应用 2. 绿色材料的家具创新应用 3. 陶瓷材料的家具创新应用 4. 传统手工艺的家具创新应用	1. 掌握新材质在家具应用的特性与加工工艺 2. 了解跨界的设计理念、设计元素、设计材料的应用 3. 熟悉数控封边的优劣势	25
家具创新研发设计的岗位综合实践	1. 根据企业项目安排一个研发创新任务 2. 根据设计要求进行创新设计方案设计 3. 综合考虑新材料、新结构、新设计理念制作实物样品	1. 综合应用成型技术、新材料等条件进行创新方案设计 2. 在企业导师指导下完成实际方案 3. 完成创新家具的打样制作	30

六、实施要求及建议

（一）师资要求

企业导师应具有家具设备操作上岗证书，熟悉木工机械使用和数控成型设备应用，具有一定项目研发设计经验与打样实践经验。熟悉家具车间安全生产规章制度及各类家具机器设备的安全操作手册。熟悉课程教学内容及企业岗位工作任务和工作过程；掌握数控成型设备及软件的操作使用。

（二）考核要求

采用笔试、面试和任务考核。其中笔试占30%，面试占30%，任务考核占40%。

（三）教材编写建议

从现代学徒制合作企业的工作岗位实际工作出发，根据家具创新设计的理念以及打样制作技术的要求，确定课程目标及教学内容，编写既能满足学徒学习需求又符合实施项目化教学要求的讲义。

（四）教学建议

本课程以培养学徒家具创新设计的创新思维方法，独立完成应用数控成型技术打样的能力为目标，在培训内容安排上突出设计创新思维的训练，强调主动跨界发掘其他手工艺领域技术与设计理念在家具上的创新运用，集中讲授成型技术在打样制作中的应用。

教学形式主要有企业培训、在岗训练，企业培训讲授市场上创新案例分析，重点通过组织学徒进行市场调研搜集资料发掘创新点，按照培训要求结合实际项目进行实践操作，使学徒掌握各种创新方法，岗位实践是在企业导师监督下学习数控成型这类新研发打样手段完成制作任务。在整个教学过程中，必须对学徒的实践活动进行规范操作与安全培训，以加强对机器设备操作的安全预防。

（五）课程资源开发与利用

1. 作为快速成型技术未来趋势，重视数控建模到数控成型的应用培训，开发校本教材。

2. 编写教材与教材配套的试题、习题、考核评价表、教学案例和课件等教学资源

3. 建立网络资源共享平台，供学徒学习、教学互动等，提供远程学习辅导。

七、其他说明

教材与参考书。

教材：自编讲义。

参考文献

[1] 王可越，税琳琳，姜浩. 设计思维创新导引[M]. 北京：清华大学出版社，2017.

[2] 孟献军. 3D打印造型技术[M]. 北京：机械工业出版社，2018.

现代学徒制家具艺术设计专业
"方案设计"课程标准

一、课程基本信息

课程名称	方案设计	课程编码					
课程类别	企业培养课程	学制	三年				
建议总学时	32	集中授课学时	0	企业培训	12	任务训练学时	0	在岗培养学时	20
课程承担单位		适用岗位	家具设计师				
合作单位		制定人员					
制定日期		审核日期					

二、课程定位

（一）课程对应的岗位及其任务

面向工厂类技术型设计师，生产企业接到外部订单，设计出产品图纸后，工厂类技术型设计师将按照生产工艺将图纸拆分为零部件，明确各级零部件生产要求的订单分解工作。它是验证设计是否合理，是否符合人体工程学的一个重要过程，也是为工厂节约成本，提高生产效率的重要途径。该岗位人才应具有扎实的制图基础与理论，对家具结构、工艺有透彻的理解，且具有一定的现场管理经验。熟悉地掌握图纸与生产衔接、装修、建筑方面等相关内容。

（二）课程性质

企业培养课程。

（三）课程地位

本课程是家具艺术设计的专业课程，是学习家具专业技术技能课程的验证实践课。

三、课程设计思路

以现代学徒制合作企业的岗位需求为导向，突出学徒的拆单、项目管理等应用能力的培养路线为主。培养学徒处理设计问题完成出图任务的综合能力与岗位专业素质。

四、课程目标

（一）总体目标

通过该课程的学习，强化 Auto CAD 工艺结构类制图基础，对家具结构、工艺、设备应用有了透彻的理解，合理高效地使用拆单软件，能掌握一定的现场管理经验，独立完成产品由工厂到项目安装完成这一过程。

（二）具体目标

1. 能力目标

（1）了解家具分类、设备应用、生产工艺、五金及材料。

（2）熟悉岗位责任、分工安排、工作流程。

（3）熟练掌握常用绘图软件标准。

（4）了解产品装货、发货、收货、退货流程、下单排单规范。

2. 知识目标

（1）熟悉常用三种不同风格橱柜、衣柜三视图设计结构。

（2）方案设计和深化设计能力强，较强方案把控能力。

（3）熟练掌握 Auto CAD、3ds MAX 等设计软件的应用。

3. 职业素养目标。

（1）遵守职业道德规范，有良好的职业素养。

（2）具有健康的体魄和良好的心理素质。

（3）有良好的人际沟通交流与团队合作能力。

（4）具备较强的客户需求服务意识。

五、课程内容和要求

1. 企业培训内容

任务名称	主要内容	学习目标	课时
安全教育（理论）	安全意识	1. 设备规程及维护 2. 工厂实践守则 3. 企业安全管理规定	4
工厂运作及管理（理论）	了解工厂管理制度、相关规定及本职工作内容	1. 实践教室及公司介绍 2. 分工安排职工作内容 3. 岗位职责及就业发展方向 4. 岗位工作流程	4
板式家具（理论结合实操）	学会板式家具	1. 了解板式家具分类 2. 板材各种类型 3. 五金件运用 4. 板式设备操作及流程	4

2. 在岗培养内容

任务名称	任务要求	训练目标	课时
下单流程 （理论结合实操）	熟悉工厂下单流程	1. 下单排单规范 2. 拆单流程 3. 产品质量管控	10
不同风格衣柜、橱柜、酒柜三视图设计（设计应用与实操案例）	Auto CAD 制图及风格设计强化	不同风格板式家具的设计图转化为生产工艺图	10

六、实施要求及建议

（一）师资要求

企业导师应熟悉岗位工作流程，具有家具设计生产的背景，熟悉板式家具设计、材料相关专业知识，熟悉课程相关专业理论知识的讲授，能独立完成所有项目流程及操作技能示范，熟悉与课程内容有关的岗位工作任务能力要求。

（二）考核要求

从企业岗位实际工作出发，观察学徒在生产过程中技术掌握的能力及设计技能方面的表现为重要依据。采用软件操作、生产拆单和实践任务考核。其中软件操作占 30%，生产拆单占 30%，任务考核占 40%。

（三）教材编写建议

以企业岗位能力要求和职业资格标准为指导，根据岗位能力必须具备的知识和技能，确定课程目标及教学内容，编写既能满足学徒学习需求又符合实施项目化教学要求的校本教材。

（四）教学建议

课程教学采用集中授课、企业培训、任务训练、岗位培养形式，突出学徒岗位技能和职业素质的培养。集中授课教师以讲解理论和针对实践中的问题进行答疑，小组讨论等形式为主；企业培训以企业导师培训实践操作的示范和讲解为主；任务训练和岗位培养则是在企业导师指导下在设计师岗位工作中完成。在整个教学过程中，必须对学徒的实践活动进行理论指导，以加强对拆单软件运用各环节的理解，在岗位培养中要加强职业素养的养成教育。

（五）课程资源开发与利用

1. 作为开料环节未来趋势，重视数控开料软件的应用培训，开发校本教材。

2. 编写教材与教材配套的试题、习题、考核评价表、教学案例和课件等教学资源。

3. 建立网络资源共享平台，供学徒学习、教学互动等，提供远程学习辅导。

七、其他说明

教材与参考书。

教材：自编讲义。

现代学徒制家具艺术设计专业
"设计营销"课程标准

一、课程基本信息

课程名称	设计营销		课程编码					
课程类别	企业培养课程		学制	三年				
建议总学时	40	集中授课学时	0	企业培训	20	任务训练学时	20	在岗培养学时	0
课程承担单位			适用岗位	家具门店店长				
合作单位			制定人员					
制定日期			审核日期					

二、课程定位

（一）课程对应的岗位及其任务

正确表达家具设计的意图，给予产品独到且合理的设计概念是该岗位最基础的技能。课程内容主要包括：基本工艺、家具类别、风格结构的了解，强化设计、色彩搭配、硬装知识的培训，在该岗位课程体系中掌握 Auto CAD、Photoshop、三维设计软件及销售能力等均为该岗位的核心课程。

（二）课程性质

企业培养课程。

（三）课程地位

本课程涵盖的知识与技能，是家具设计师、室内设计师等专业技术岗位工作任务中必不可少的专业技术素质。课程内容与家具识图、家居设计、计算机辅助制图、家具营销理论等岗位技术能力课程密切相关。课程具有综合性、实践性强的特点，是家居设计专业的核心课程及特色课程。也是家具艺术设计类岗位型课程，对于往后从事家具制图员、设计员、家具生产者、部分管理者、部分销售人员必须掌握的内容。

三、课程设计思路

从家具理论知识入手，再到家具的制图操作以及设计出来的效果表达，最后完成谈单签单的模拟工作。以岗位需求为导向，突出拆单应用能力的培养路线。

四、课程目标

（一）总体目标

通过该课程的学习，熟悉家具行业的基本情况，对于家具类别、工厂运作、市场情况有一定了解，独立完成由尺寸测量测绘能力、正确解读客户需求到设计下单等这一过程。

（二）具体目标

1. 能力目标

（1）了解家具分类、设备应用、生产工艺、五金及材料。

（2）熟悉岗位责任、分工安排、工作流程。

（3）熟练掌握常用绘图软件标准。

（4）板式家具设计软件讲解，设计软件与 Auto CAD 软件结合，简单板式家具应用谈单软件及速成软件的了解。

2. 知识目标

（1）常用三种不同风格橱柜、酒柜三视图设计（案例）。

（2）方案设计和深化设计能力强，较强方案把控能力。

（3）熟练掌握 Auto CAD、Photoshop、Office 等绘图及办公软件。

（4）独到的设计观念和灵感，对方案进行整体把控，与导购员良好合作沟通，准确、高效地完成签单，做到材料、尺寸、计价准确无误。

3. 职业素养目标

（1）遵守职业道德规范，有良好的职业素养。

（2）具有健康的体魄和良好的心理素质。

（3）有良好的人际沟通交流与团队合作能力。

（4）具备较强的服务意识。

五、课程内容和要求

1. 企业培训内容

任务名称	主要内容	学习目标	课时
家具设计概论（理论）	家具类别及材料基础知识的学习	1. 家具常用材料识别 2. 家具常用五金识别 3. 板式家具工艺流程 4. 实木家具工艺流程	5
家具设计赏析（理论）	针对现今家具市场发展方向、流行走向	国际家具设计大师"成名作"赏析与流行趋势分析	5

任务名称	主要内容	学习目标	课时
家具设计风格理解（理论）	了解风格区别及运用	中国风、新古典主义、北欧风格、自然主义风格，其他风格家具设计、系列家具整理及总结	5
店面接待礼仪	1. 接待礼仪的基本内容 2. 接待礼仪的用语 3. 接待客户其他技能：茶艺、坐姿等	1. 掌握基本接待礼仪 2. 熟练运用接待礼仪用语 3. 掌握接待的基本技能	5

2. 在岗培养内容

任务名称	任务要求	训练目标	课时
沟通技巧实践	学习正确的职业沟通方式	1. 职业形象与商务礼仪 2. 拜访客户技巧 3. 谈单沟通技巧 4. 客诉处理技巧	10
家具营销（实体店）实战操作训练	了解营销，学会沟通	由导师指导，订单方式培训	10

六、实施要求及建议

（一）师资要求

专业从事家具设计行业 5 年以上，深知行业细则，在家具设计与制作领域有所建树。精通家具设计与加工工艺，有家具设计和营销教学经验。

（二）考核要求

采用笔试、面试和任务考核。其中笔试占 30%，面试占 30%，任务考核占 40%。

（三）教材编写建议

以企业岗位能力要求和职业资格标准为指导，根据岗位能力必须具备的知识和技能，确定课程目标及教学内容，编写既能满足学徒学习需求又符合实施项目化教学要求的校本教材。

（四）教学建议

课程教学采用集中授课、企业培训、任务训练、岗位培养形式，突出岗位技能和职业素质的培养。集中授课教师以讲解理论和针对实践中的问题进行答疑，小组讨论等形式为主；企业培训以企业导师培训实践操作的示范和讲解为主；任务训练和岗位培训则是在企业导师指导下在设计师岗位工作中完成。在整个教学过程中，必须对学徒实践活动进行理论指导，以加强对拆单软件运用各环节的理解，在岗位培养中要加强职业素养的养成教育。

（五）课程资源开发与利用

1. 作为开料环节未来趋势，重视数控开料软件的应用培训，开发校本教材。

2. 编写教材与教材配套的试题、习题、考核评价表、教学案例和课件等教学资源。

3. 建立网络资源共享平台，供学徒学习、教学互动等，提供远程学习辅导。

七、其他说明

教材与参考书。

教材：自编讲义。

现代学徒制家具艺术设计专业
"测量实践"课程标准

一、课程基本信息

课程名称	测量实践		课程编码				
课程类别	岗位技能课程		学制		三年		
建议总学时	16	集中授课学时	0	企业培训	8	任务训练学时	8	在岗培养学时	0
课程承担单位			适用岗位		家具设计师		
合作单位			制定人员				
制定日期			审核日期				

二、课程定位

（一）课程对应的岗位及其任务

测量实践是岗位技能核心课程之一，是家具设计师应该具备的专业知识，重点加强对施工现场的熟悉理解能力，对测绘工具的操作技能，实践中即培养独立工作能力又发挥了团队合作精神。通过掌握科学有效的测绘方法，对设计方案进行数据的检查和矫正，从而能有效避免误差的出现，优化设计方案。

（二）课程性质

岗位技能课程。

（三）课程地位

本课程是设计初期要掌握的必备技能，因此在课程体系中，它安排在靠前的位置，后续课程有图纸深化设计实践、方案设计、创新家具设计、家具项目管理综合实践等课程。

三、课程设计思路

学会测量工具的使用，一是传统的卷尺，二是现代的激光测距仪。在掌握传统的测量技能基础上再进行现代测量工具的学习，对超长、超高及复杂梁柱、墙面的测量进行技巧的指导，再提供室内案例供学徒测量巩固。

四、课程目标

（一）总体目标

学会传统与现代的测量工具，并能独立进行测量，绘制平面图，为后期的深化设计做准备。

（二）具体目标

1. 能力目标

（1）能独立测量超长、超高墙面或物体；

（2）能进行复杂墙面、梁柱面的测量；

（3）能准确记录测量数据；

（4）能沟通、提问、记录客户要求。

2. 知识目标

（1）卷尺的使用与使用技巧；

（2）数据记录的分类与记录技巧、格式；

（3）测距仪的使用与使用技巧；

（4）徒手记录平面图及立面图的方式方法与步骤。

五、课程内容和要求

1. 企业培训内容

任务名称	授课内容	要求	讲课时数
卷尺测量	1. 平面图徒手绘制 2. 长度、高度测量技巧及注意事项 3. 尺寸记录	1. 能独自测量越长、越高的室内墙面 2. 能测量并预留门窗、开关插座、水管位等 3. 能准确记录数字	6
激光测距仪测量	测距仪的使用方法	能掌握测距仪的使用方法	2

2. 任务训练内容

任务名称	训练目标	任务要求	讲课时数
测量任务一	1. 用卷尺实际测量并记录测量数据 2. 用 Auto CAD 绘制出测量内容	1. 独立徒手绘制平面图及相关立面 2. 独立进行测量 3. 独立记录数据	5

任务名称	训练目标	任务要求	讲课时数
测量任务二	1. 用卷尺实际测量并记录测量数据 2. 用 Auto CAD 绘制出测量内容	1. 独立徒手绘制平面图及相关立面 2. 独立进行测量 3. 独立记录数据	3

六、实施要求及建议

（一）师资需求

企业老师应有两年以上测量的经验，经历多种户型的测量，能独立并熟练完成中等程度户型及墙面的测量，能有效记录必需的测量数据，有良好的沟通能力，能在现场与客户进行交流沟通，记录客户需求，并适当给出建议，熟悉公司开料要求，避免无法实现的需求。

（二）考核要求

采用平常成绩和任务考核。其中平常成绩占 50%，主要考核学习态度、纪律和作业；岗位培训任务考核占 50%，主要考核在岗培训课程中的任务完成度、职业素养。

（三）教材编写建议

教材应包括卷尺、激光测距仪等测量工具的使用，测量技巧与注意事项，案例讲解辅助说明注意事项与测量技巧，徒手绘制平面图的技巧。

（四）教学建议

本课程重在动手，在教学中无论是企业培训还是岗位培养，都应以操作为主，演示＋讲解、操作＋讲解、任务布置＋操作等，导师从旁指导，找出工具操作与数据记录中存在的问题，针对个人进行指出，并在班上进行总结，让大家受益。

（五）课程资源开发与利用

1. 将课程整理成一个完整的过程性资料；

2. 编制一整套由简入难的平面图户型，供学徒进阶学习；

3. 建立网络资源共享平台，供学徒学习、教学互动等，提供远程学习辅导。

七、其他说明

教材：自编讲义。

现代学徒制家具艺术设计专业
"全屋定制项目流程管理实践"课程标准

一、课程基本信息

课程名称	全屋定制项目流程管理实践		课程编码					
课程类别	岗位技能课程		学制		三年			
建议总学时	80	集中授课学时	0	企业培训	30	任务训练学时	0	在岗培养学时 50
课程承担单位			适用岗位		家具设计师			
合作单位			制定人员					
制定日期			审核日期					

二、课程定位

（一）课程对应的岗位及其任务

全屋定制项目流程管理实践是岗位技能核心课程之一，是家具设计师必须具备的知识。它是一本综合性课程，最终要能够独立完成指派项目，从营销、测量、跟单到最后的售后服务一整套工作内容。

（二）课程性质

岗位技能课程。

（三）课程地位

本课程是综合性学科类知识，在课程体系中，该课程处于比较靠后的位置，前导课程有设计营销、测量实践、图纸深化实践方案设计、家具安装工程等课程。

三、课程设计思路

课程涵盖范围大，包括设计营销→选材报价→现场测量→跟单排单→家具设计→拆单备料→生产监督→试装及质检→现场安装→项目管理→售后服务，在完成以上学习之后，再进行这门综合性课程的学习，要结合两到三个完整的案例进行，该课程重点在于使学习者将所学专业知识与能力同实际生产、项目、岗位相结合，为毕业后从事相关工作、行业奠定坚实的职业基础。

四、课程目标

（一）总体目标

学习者能够独立高质量完成一个完整的项目，通过实践，在此期间遇到问题时虚心向企业管理者、技术人员、指导师傅请教并解决问题，观察和了解企业经营状况、熟悉行业特点，按照企业的规章制度及业务流程工作，切实提高自身的业务水平和职业道德。

（二）具体目标

1．能力目标

（1）与客户有效沟通交流的能力；

（2）独立测量绘制平面图与墙柱面图的能力；

（3）跟单排单管理监督的能力；

（4）图纸深化能力；

（5）安装售后服务能力。

2．知识目标

（1）项目管理宏观相关知识；

（2）各环节相关知识点如测量、设计、图纸、跟单、安装、售后等；

（3）企业规章制度；

（4）材料规格知识。

五、课程内容和要求

1．企业培训内容

任务名称	授课内容	要求	讲课时数
跟单排单	1．订单数量优化管理、生产安排 2．办公室文档归类、管理	1．能进行简单生产计划的安排与生产管理、跟踪 2．熟悉办公室日常工作文件	15
试装及质检	1．试装步骤与技巧 2．质检方法与步骤，质检表的制作与填写	1．对订单中的产品进行质量检查，判断是否合格，并填写质检表 2．能安装三合一、门链接	10
售后服务	企业相关售后要点	熟悉企业售后服务的相关政策	5

2. 岗位培养内容

任务名称	训练目标	任务要求	讲课时数
全屋项目一	以一个项目为例跟随导师进行管理全流程的练习	1. 认真做好每个环节的前期准备工作 2. 跟踪记录好导师的管理步骤 3. 跟踪完成整个管理流程	25
全屋项目二	以一个项目为例独立进行管理全流程的练习	1. 编写流程，并制作流程进度表 2. 按进度表进行项目从头到尾的有效运行与管理 3. 反复检查与确认 4. 跟踪完成整个管理流程	25

六、实施要求及建议

（一）师资需求

学校老师应有定制家具生产的相关工作的经验，熟悉实木、板式家具的设计、生产、安装环节；企业老师应有两年以上家具定制工作经验，能独立进行设计营销、家具设计、图纸深化、跟单排单、售后服务要求等一系列知识，有较好的语言表达能力。

（二）考核要求

采用平常成绩和任务考核。其中平常成绩占 50%，主要考核学习态度、纪律和作业；岗位培训任务考核占 50%，考核在岗培训课程中的任务完成度，职业素养。

（三）教材编写建议

教材应包含营销技巧、家具设计、跟单步骤，排单方式、图纸深化、项目管理、售后服务内容等几大块，应有五到六个典型案例，提出各环节的注意事项，错误问题导致的后果，解决方式方法等企业现实案例。

（四）教学建议

在培训环节，需把没讲过的知识点都讲授一遍，并辅以案例进行讲解，再把所需要的知识点辅助以现实案例完整讲述；在岗位培养环节应跟随导师或师傅完整地进行整个流程的学习，得到导师认可后，从个别环节开始逐步扩大至整个流程的独立操作。

（五）课程资源开发与利用

1. 将企业真实的过程案例集中整理成一个完整的过程性资料；

2. 制作各种相关表格供参考；

3. 建立网络资源共享平台，供学徒学习、教学互动等，提供远程学习辅导。

七、其他说明

教材：自编讲义。

现代学徒制家具艺术设计专业
"实木家具设计与制作综合实践"课程标准

一、课程基本信息

课程名称	实木家具设计与制作综合实践		课程编码					
课程类别	岗位技能课程		学制		三年			
建议总学时	144	集中授课学时	0	企业培训	50	任务训练学时	0	在岗培养学时	94
课程承担单位			适用岗位		家具设计师			
合作单位			制定人员					
制定日期			审核日期					

二、课程定位

（一）课程对应的岗位及其任务

实木家具设计与制作综合实践是岗位技能课程之一，是家具设计师应该具备的专业知识，它有助于家具设计师理解家具结构，从而进行更合理的设计。该课程主要是开展实木家具的机加工、组装、打磨、喷漆等参观实践课程，使学习者充分了解实木家具的生产工艺及材料属性。学习者的学习重点在于对设备的认识与使用，工艺流程的掌握，生产辅料的认识，能分辨不同工艺下家具产品的区别。通过本课程的学习，强化实木工艺图纸语言能力。

（二）课程性质

岗位技能课程。

（三）课程地位

本课程是工艺类知识的重要环节之一，在课程体系中，该课程前导课程有测量实践、图纸实践，后续课程有创新家具设计、家具项目管理综合实践等课程。

三、课程设计思路

本课程主要以实木家具生产的主要工艺流程为主线，认识相关的结构、材料、设备、工艺、图纸、管理等相关企业一线内容，因此企业培训课程的设计应围绕实木家具生产流程进行开展，逐一介绍相关的理论知识，强调生产安全。在岗位培养环节，每一位同学跟随一组实木家具，从头到尾跟随导师进行生产的学习，并针对柜类、椅类、桌类、几类进行不同类型实木家具的工艺流程进行生产学习，保证对图纸、材料、设备、结构进行全方位的学习与了解。

四、课程目标

（一）总体目标

能够深入读识工艺图纸、熟悉不同工艺下设备的选择与基本的调试，能对中等难度下的桌、椅、柜类家具进行工艺流程设计，熟悉常见实木材料。

（二）具体目标

1. 能力目标

（1）能熟读工艺图纸，且有判断正误的能力；

（2）能制作工艺流程图；

（3）能针对工艺流程图进行设备的选择；

（4）能沟通、协调、调配实木车间的基本工作。

2. 知识目标

（1）家具厂常见实木家具的识别与实木材料管理、调配；

（2）设备名称与功能，基本维护方式，设备调配；

（3）工艺流程图的识别，设计；

（4）工艺节点的生产知识；

（5）椅、柜、桌类实木家具结构。

五、课程内容和要求

1. 企业培训内容

任务名称	授课内容	要求	讲课时数
实木家具结构	第一章 家具结构设计 1.1 实木家具的接合方式 1.2 实木家具的基本部件结构 1.3 实木家具设计	1. 柜类角部接合、中部接合 2. 桌类角部接合、中部接合 3. 椅类腿与面的接合 4. 箱型接合	10
家木家具选材配料	第二章 实木家具的锯材配料 2.1 实木家具的材料 2.2 实木家具的锯材配料	1. 家具厂中常用的实木辨别 2. 了解材料选择原则 3. 配料	10

任务名称	授课内容	要求	讲课时数
实木家具生产工艺流程	第三章 方材毛料的加工 3.1 加工基准 3.2 加工精度 3.3 表面粗糙度 3.4 方材毛料的加工 第四章 净料的机械加工 4.1 榫头、榫眼的加工 4.2 榫槽和榫簧的加工 4.3 型面和曲面的加工 4.4 表面修整和夹具 第五章 方材的胶合和弯曲 5.1 方材的胶合 5.2 方材的弯曲 第六章 打磨与油漆加工 第七章 组装 相应的车间管理与安全生产	1. 了解毛料加工的步骤与相关设备 2. 了解净料加工的步骤与相关设备 3. 了解实木弯曲的方法 4. 了解打磨用材与步骤，喷漆步骤	30

2. 岗位培养内容

任务名称	训练目标	任务要求	讲课时数
柜类实木家具生产实践	1. 柜类实木家具的工艺流程图读识 2. 柜类实木家具结构再认识 3. 选料到喷漆全过程的见习 4. 组装	1. 能读识相应的工艺流程图 2. 熟悉每一个生产环节 3. 掌握基本的组装顺序 4. 了解基本的柜类榫卯结构	30
桌类实木家具生产实践	1. 桌类实木家具的工艺流程图读识 2. 桌类实木家具结构再认识 3. 选料到喷漆全过程的见习 4. 组装	1. 能读识相应的工艺流程图 2. 熟悉每一个生产环节 3. 掌握基本的组装顺序 4. 了解基本的柜类榫卯结构	30
椅类实木家具生产实践	1. 椅类实木家具的工艺流程图读识 2. 椅类实木家具结构再认识 3. 选料到喷漆全过程的见习 4. 组装	1. 能读识相应的工艺流程图 2. 熟悉每一个生产环节 3. 掌握基本的组装顺序 4. 了解基本的椅类榫卯结构	34

六、实施要求及建议

（一）师资需求

学校老师应有在企业车间实践或工作的经验，熟悉实木、板式家具的生产工艺，了解设备的应用场合，有工艺相关的基本理论知识，有一定的家具制作经验，熟悉课程教学内容；企业老师应有五年以上家具生产制造工作经验，能读识图纸、操作生产设备，能独立进行实木与板式家具生产，熟悉家具结构与零部件生产，有较好的语言表达能力。

（二）考核要求

采用平常成绩和任务考核。其中平常成绩占50%，考核学习态度、纪律和作业；岗位培训任务考核占50%，考核在岗培训课程中的任务完成度，职业素养。

（三）教材编写建议

教材应包含结构、材料、设备、工艺、安装、管理等几部分，以理论加案例的方式，不断完善理论知识构架。

（四）教学建议

本课程以培养实木家具设计与制作综合专业能力为主，分为柜类、桌类、椅类三大类型进行。教学形式主要有企业培训、岗位培训，企业培训主要围绕实木家具设计、家具生产流程相关内容进行，岗位培训则以生产见习为主，在导师指导下练习实木家具的组装。

（五）课程资源开发与利用

1. 将企业真实的生产案例分门另类地集中整理成一个完整的过程性资料；
2. 制作可拆的实木家具模型供教学使用；
3. 建立网络资源共享平台，供学徒学习、教学互动等，提供远程学习辅导。

七、其他说明

参考用书

[1] 江功南．家具制作图及其工艺文件 [M]．北京：中国轻工业出版社，2011.（普通高等教育高专家具设计与制造专业"十二五"规划教材 ISBN：9787501982417）
[2] 李陵．家具制造工艺及应用 [M]．北京：化学工业出版社，2016.（ISBN：99787122258779）
[3] 自编讲义。

现代学徒制
家具艺术设计专业核心课程标准

（"校中厂"模式—专业基础素养模块和岗位拓展模块）

现代学徒制家具艺术设计专业
"家具涂料与涂装技术"课程标准

一、课程基本信息

课程名称	家具涂料与涂装设计			课程编码					
课程类别	专业必修课			学制	三年				
建议总学时	48	集中授课学时	24	企业培训	0	任务训练学时	24	在岗培养学时	0
课程承担单位				适用岗位	家具设计师、家具技术管理员				
合作单位				制定人员					
制定日期				审核日期					

二、课程定位

（一）课程对应的岗位及其任务

家具设计与技术管理岗位应具备家具制造工艺的相关知识，其中包括家具的表面涂料涂装，本课程内容主要包括家具涂料的行情与发展趋势、家具涂装的分类、实木家具涂装实践等，培养学徒了解家具涂料与涂装工艺技术并针对具体家具设计选用不同涂装工艺，掌握基础涂装操作的实践能力。课程知识内容结合现代学徒制企业喷涂车间的技术工艺进行授课，让本课程与后续企业课程相衔接。

（二）课程性质

专业必修课。

（三）课程地位

本课程是家具艺术设计专业的专业实务课程，是家具设计中的实务操作课之一。依照家具行业主流的涂装工艺与涂装发展趋势，通过校企合作企业的涂装车间，了解家具中常用的涂料与涂装工艺等基础知识，掌握涂料分类与涂装工艺流程理论知识，以及不同涂装工艺的优劣性，有助于在家具设计实践中合理选用相应的涂装方式对家具进行装饰。

在课程体系中，本课程与家具材料识别与应用学、家具结构工艺等相辅相成，成为家具设计专业实务课程之一，与后续的家具项目设计等综合设计实践课程承前启后，课程具有综合性、实践性的特点，是家具设计专业的核心课程及特色课程。

三、课程设计思路

以实操项目为导向，突出涂装操作应用能力的培养为主线，以真实家具案例为载体，分析实木家具涂装的工艺流程知识点，确定课程定位；分析家具设计相关岗位对涂装的任务要求，确定课程教学内容；课程内容包括 5 章理论知识，一个涂装实践项目；将家具设计师的常用涂料知识和涂装工艺技术，涂装操作实践能力，与校企合作企业岗位需求紧密对接，序化教学内容；校企共研教学方法和教学手段，构建新的课程质量评价标准。

四、课程目标

（一）总体目标

了解涂料涂装与家具产品的重要关系性，掌握不同种类涂料特性基础知识与各种涂装工艺的应用方法。在具体家具设计实践中，运用涂料与涂装的知识，辅助家具设计达到更好的设计使用效果。

（二）具体目标

1. 能力目标

（1）熟悉家具行业涂料涂装常用的工艺技术，在设计工作中选用合适涂装工艺。

（2）掌握基本的实木刷涂与喷涂技术，以及修色、刮腻子等缺陷修补工艺。

（3）了解不同家具风格的涂装工艺方法。

（4）会对比不同涂料与工艺的优缺点。

2. 知识目标

（1）了解涂料涂装与家具设计的关系。

（2）掌握常用涂料成分与调和等涂料化工基础知识。

（3）掌握涂料与涂装的安全使用准则。

（4）掌握绿色家具涂料的未来发展趋势。

3．职业素养目标

（1）遵守职业道德规范，有良好的职业素养。

（2）具有健康的体魄和良好的心理素质。

（3）有良好的人际沟通交流与团队合作能力。

（4）具备较强的安全意识和责任意识。

五、课程内容和要求

1．集中授课内容

案例名称	主要内容	学习目标	课时
家具涂料与涂装技术概述	1．涂装课在家具设计专业中的定位 2．涂装在家具设计生产的意义	1．家具涂装的意义 2．了解涂装在家具行业的概况	2
家具涂料色彩设计的基本知识	1．色彩的多样性与重要性 2．色彩基本要 3．色彩视觉效应及其应用 4．色彩的调配 5．色彩的行业标准规范	1．掌握涂料色彩搭配原理 2．掌握涂料色彩行业的色卡标准	3
家具涂料的组成	1．涂料的组成与分类 2．主要成膜物质 3．颜料 4．染料 5．溶剂 6．助剂	1．了解常用涂料的基本成分 2．了解影响涂料特性的助剂特点	5
家具常用涂料	（一）常用传统涂料 1．油脂涂料 2．油基涂料 3．虫胶涂料 4．天然大漆 （二）行业主流涂料 1．醇酸树脂涂料 2．硝基涂料 3．聚氨酯树脂涂料 4．不饱和聚酯漆 5．水性漆 6．光固化漆	1．熟悉传统涂料的种类 2．熟悉主流化工涂料的种类与特性	5
涂饰工艺知识	1．透明涂饰的技术要求 2．涂层固化技术 3．涂膜表面修整 4．透明涂饰工艺 5．色漆涂装流程	1．了解基本的涂装工艺知识 2．掌握涂料涂装的名称名词	9

2. 任务训练内容

任务名称	任务要求	训练目标	课时
实木饰面平面涂装	1. 根据板式实木贴皮家具项目确定的涂装效果图 （1）染色透底涂装 （2）封闭涂装 2. 按涂装工序进行涂装施工	1. 根据家具项目的风格要求进行涂装设计 2. 掌握板式家具的喷涂工艺 3. 了解涂装出现缺陷的原因，并掌握解决方法	6
实木异型家具涂装	1. 根据实木家具项目的设计图纸制作效果图 （1）染色透底涂装 （2）木蜡油涂装施工 2. 按涂装工序进行涂装施工	1. 掌握实木打磨抛光方法 2. 掌握木蜡油涂刷工艺方法 3. 掌握实木缺陷修色工艺	6
调漆喷涂	1. 能按企业项目的具体涂装要求调制涂料的底漆和面漆 2. 学习喷涂的施工方法，掌握观察涂布的合适厚度	1. 掌握不同工艺要求的调漆 2. 掌握喷涂工艺方法 3. 熟悉涂装的安全操作规范与设备应用	6
打磨修色	1. 按实木家具项目的具体要求进行修色、腻子、打磨 2. 学习虫眼、树节等缺陷的修补与修色技巧 3. 学习异型的打磨刨光	1. 掌握修色技巧 2. 掌握实木打磨技巧 3. 掌握打磨设备的使用与操作安全规范	6

六、实施要求及建议

（一）师资要求

学校导师应具有设计专业教育背景，熟悉家具行业标准的知识，具有一定项目设计实践经验。熟悉涂料与涂装工艺流程。熟悉课程教学内容及企业岗位工作任务和工作过程；企业导师应掌握涂料与涂装实践操作的具体内容及要求，熟悉家具行业涂装市场趋势。

（二）考核要求

采用笔试、面试和任务考核。其中笔试占 30%，面试占 30%，任务考核占 40%。

（三）教材编写建议

从现代学徒制合作企业的工作岗位实际工作出发，根据家具行业现有的涂装以及未来发展趋势确定课程目标及教学内容，编写既能满足学徒学习需求，又符合实施项目化教学要求的讲义。

（四）教学建议

本课程以培养具备熟悉家具行业涂装应用基础知识和基本涂装实践能力，具有运用涂装辅助家具设计的应用能力为目标，在内容安排上突出知识与方法的实用性，强调涂装方法在家具设计工作中的重要性，集中讲授内容主要包括涂装与家具设计关系，涂料分类与涂料组成理论知识，涂装工艺流程、涂装质量检验标准，实木家具涂装的实际应用。

教学形式主要有集中讲授、任务训练、操作项目实践。集中讲授家具行业常用涂料涂装工艺的应用，任务训练结合项目案例，让学徒根据实际需求合理选择涂装方案，了解其在实际工作中对课程相关知识的综合运用。实践操作是在企业导师指导下完成实木涂装操作实践。在整个教学过程中对岗位实践活动进行理论指导，以加强他们对涂装环节重要性的深入了解。

（五）课程资源开发与利用

1. 融入校企合作企业的涂装项目应用案例，开发校本教材。

2. 编写教材与教材配套的试题、习题、考核评价表、教学案例和课件等教学资源。

3. 建立网络资源共享平台，供学徒学习、教学互动等，提供远程学习辅导。

七、其他说明

教材与参考书。

教材：自编讲义。

参考文献

戴信友. 家具涂料与实用涂装技术 [M]. 北京：中国轻工业出版社，2013.

现代学徒制家具艺术设计专业
"人体工程学"课程标准

一、课程基本信息

课程名称	人体工程学		课程编码				
课程类别	专业必修课		学制	三年			
建议总学时	16	集中授课学时	12	企业培训	0	任务训练学时	4	在岗培养学时	0
课程承担单位			适用岗位	家具设计师、家具技术管理员、家具门店店长			
合作单位			制定人员				
制定日期			审核日期				

二、课程定位

（一）课程对应的岗位及其任务

家具设计是一个交叉学科很强的设计岗位，岗位知识除了涉及家具造型的美观性与家具制造工艺外，还要具备系统分析家具用户人群的相关知识，因此，掌握对设计目标用户的综合调查分析能力是从事家具设计相关岗位所必须要求的。本课程内容主要包括人体与家具测量尺寸、用户行为习性特征、用户调查问卷等。课程旨在培养岗位工作中对行业国家标准的应用能力，以及针对具体目标用户需求系统分析的实践能力。课程结合现代学徒制合作企业的具体项目安排相应的课程案例与作业任务。

（二）课程性质

专业必修课。

（三）课程地位

本课程是家具艺术设计专业的专业基础课程，是家具设计中的重要基础课之一。依照家具行业相关的国家标准要求，以加强行业规范的应用，了解常用家具家居以及人体等的相关国标尺寸参数等基础知识，掌握"用户—家具—空间环境"系统分析理论知识，以及用户心理调查问卷等数据搜集方法，有助于在家具设计实践中做好前期分析的设计调查工作。

在课程体系中，该课程与设计造型基础，室内设计基础等相辅相成，成为家具设计专业重要理论课程之一，与后续的家具项目设计等综合设计实践课程承前启后，课程具有综合性、实践性的特点，是家具设计专业的核心课程及特色课程。

三、课程设计思路

以岗位实践项目为导向，突出培养用户系统调查分析能力为主线，以家具、用户、使用环境为载体，分析职业岗位的任务要求，确定课程教学内容。课程包括一个分组实地调查项目，进行团队分工合作素质训练。在调查实践任务中通过搜集客观数据"找问题"与提出解决策略，培养学徒设计思维。与企业设计岗位需求紧密对接，序化教学内容。校企共研教学方法和教学手段，构建新的课程质量评价标准。

四、课程目标

（一）总体目标

通过调查分析掌握用户信息对于设计的重要性，掌握人体结构系统基础知识与家具常用尺寸标准的应用方法。针对家具的使用情境调查，能运用用户调查问卷的知识，做好用户心理分析工作，为设计做好系统的前期调查工作。

（二）具体目标

1. 能力目标

（1）按照家具行业相关国家标准规范，在家具设计工作中应用国家标准。

（2）熟练掌握坐类家具、桌台类家具、柜类家具等尺寸数据。

（3）具备用户调查问卷设计与数据整理分析的实践能力。

（4）会现场进行家具与环境的尺寸数据测量。

2. 知识目标

（1）了解人体工程学与家具设计的关系。

（2）掌握"用户—家具产品—使用环境"系统分析理论知识。

（3）掌握人体感官的基础知识。

（4）掌握家具使用情景中用户心理的基础知识。

3. 职业素养目标

（1）遵守职业道德规范，有良好的职业素养。

（2）具有健康的体魄和良好的心理素质。

（3）有良好的人际沟通交流与团队合作能力。

（4）具备较强的安全意识和责任意识。

五、课程内容和要求

1. 集中授课内容

案例名称	主要内容	学习目标	课时
人体工程学发展概述	1. 人体工程学的由来与发展 2. 人体工程学研究的主要内容与方法 3. 人体工程学在家具设计专业中的课程定位	1. 家具与人体工程学的关系 2. 了解设计"以人为本"的意义	2
人体测量与数据的应用	1. 人体测量学的由来与发展 2. 人体测量简介 3. 人体尺寸的差异 4. 人体尺寸 5. 人体测量数据的选择与应用 6. 室内设计中常用人体尺寸及应用 7. 国家标准人体数据的使用	1. 掌握基本人体测量尺寸与家具设计的关系 2. 熟悉国家标准中人体相关尺寸的数据应用	2
人体"五感"与心理分析	1. 人体的感知系统 2. 人体的运动系统 3. 人体的神经系统 4. 人的心理、行为与环境 5. 视觉与环境 6. 听觉与环境 7. 触觉与环境 8. 嗅觉与环境	1. 了解"五感"与家具家居产品设计的关系 2. 了解用户心理的心理过程	2
人体工程学与家具设计	1. 人体基本动作分析 2. 人体工程学与坐卧类家具的设计 3. 人体工程学与凭倚类家具的设计 4. 人体工程学与储存类家具的设计	1. 熟悉不同家具功能种类的人体工程学理论要点 2. 掌握不同家具的功能要素与设计关系	3
用户需求设计调查	1. 问卷问题设置 2. 情境与典型用户选取 3. 问卷结果统计与分析结论	1. 掌握问卷调查的制作 2. 熟悉问卷的统计方法与总结分析设计指导性结论	3

2. 任务训练内容

任务名称	任务要求	训练目标	课时
情境设计的调查分析作业	1. 分组作业 2. 选某一类人们活动的空间场景作为人体工程学调查分析作业选题 3. 运用所学的人体工程学知识对"不合理"设计进行尺寸测量,以及对使用人群的尺寸或心理感受进行问卷调查。 结课作业:完成大作业确定题目并进行数据统计(问卷调查)	1. 训练团队分工合作 2. 掌握对真实情境中各要素的调查分析方法 3. 熟悉调查问卷的设计与问卷结果的数据分析	4

六、实施要求及建议

（一）师资要求

学校导师应具有设计专业教育背景，熟悉家具行业标准的知识，具有一定项目设计实践经验。熟悉《家具、桌、椅、凳类主要尺寸》《人体测量尺寸》等家具行业国家标准的使用。熟悉课程教学内容及企业岗位工作任务和工作过程；企业导师应掌握设计用户调查实践的具体内容及要求，熟悉设计调查的实践方法。

（二）考核要求

采用笔试、面试和任务考核。其中笔试占 30%，面试占 30%，任务考核占 40%。

（三）教材编写建议

根据现代学徒制合作企业的工作岗位实际工作出发，依照家具行业的国家规范以及企业的设计市场用户调查要求，确定课程目标及教学内容，编写既能满足学徒岗位能力培养需求又符合实施项目化教学要求的讲义。

（四）教学建议

本课程以培养具备家具行业国家标准应用基础知识和用户调查实践能力，具有用户调查分析辅助家具设计的应用能力为目标，在内容安排上突出知识与方法的实用性，强调对目标用户分析在家具设计工作中的重要性，集中讲授内容主要包括"人—机—环境"的关系，人体感官的概念及理论知识，人体测量尺寸、用户心理调查知识及方法，用户调查问卷在实际中的应用。

教学形式主要有集中讲授、任务训练、调查项目实践，集中讲授家具行业国标知识及基本技术的应用，任务训练按照《家具、桌、椅、凳主要尺寸》等国家标准结合实际项目分析，了解学徒在实际工作中对课程相关知识的运用，项目调查是在企业导师指导下在设计市场调查工作中完成。在整个教学过程中对实践活动进行理论指导，以加强对设计前期调查工作重要性的理解。

（五）课程资源开发与利用

1. 重视人体心理分析知识和用户调查方法应用，开发校本教材。

2. 编写教材与教材配套的试题、习题、考核评价表、教学案例和课件等教学资源。

3. 建立网络资源共享平台，供学徒学习、教学互动等，提供远程学习辅导。

七、其他说明

教材与参考书。

教材：自编讲义。

参考文献

[1] 余肖红. 室内与家具人体工程学 [M]. 北京：中国轻工业出版社，2013.

[2] 李娟莉. 设计调查 [M]. 北京：国防工业出版社，2015.

现代学徒制家具艺术设计专业
"计算机效果图制作"课程标准

一、课程基本信息

课程名称	计算机效果图制作		课程编码				
课程类别	专业必修课		学制	三年			
建议总学时	80	集中授课学时	30	企业培训	0	任务训练学时	50	在岗培养学时	0
课程承担单位			适用岗位	家具设计师、家具技术管理员、家具门店店长			
合作单位			制定人员				
制定日期			审核日期				

二、课程定位

（一）课程对应的岗位及其任务

设计表达能力是家具设计艺术专业的核心能力之一，随着信息数字手段在家具设计领域应用越来越广泛深入，掌握计算机软件效果图制作是从事家具设计行业所必需的技能。本课程内容主要包括了解行业内常用软件、3ds MAX 软件的常用操作、3ds MAX 软件建模等，课程旨在培养学徒了解家具设计效果图的制作与视觉表达，掌握高效制作家具效果图的实践能力。根据校企合作企业的实践项目加入 3D 数控生产软件的课程内容，满足如家具雕刻 CNC 数控加工岗位、3D 打印岗位的技能需求。

（二）课程性质

专业必修课。

（三）课程地位

本课程是家具艺术设计专业的设计表达课之一。依照家具行业主流的效果图制作行业要求，通过与校企合作企业的效果图工作室的联系，使学徒了解家具中常用的效果图制作流程等基础知识，掌握效果图软件以及效果图理论知识，有助于在家具设计相关岗位实践中快速使用设计软件对家具进行效果图表现。

该课程与家具 CAD、家具模型制作、手绘效果图等课程相辅相成，成为家具设计专业表达课程之一，与后续的家具项目设计等综合设计实践课程承前启后，课程具有综合性、实践性的特点，是家具设计专业的核心特色课程。

三、课程设计思路

以实操项目为导向，突出培养软件操作应用能力为主线，以家具设计方案为载体，分析不同家具造型的效果图制作流程，确定课程定位；分析职业岗位对计算机效果图的任务要求，确定课程教学内容；课程内容包括 3ds MAX 软件与相关插件的知识，企业效果图实践项目；将家具设计师的效果图制作软件操作实践能力，与企业设计岗位需求紧密对接，序化教学内容；校企共研教学方法和教学手段，构建新的课程质量评价标准。

四、课程目标

（一）总体目标

了解软件效果图表达与家具设计的重要关系，掌握不同类型家具的效果图制作方法。在具体家具设计实践中，运用 3D 效果图制作技术，辅助家具设计实现虚拟的照片级效果表现。

（二）具体目标

1. 能力目标

（1）熟悉家具行业内常用的 3D 效果图制作技术，在设计工作中高效应用。

（2）掌握家具建模、材质贴图制作、场景灯光设置等 3D 效果图制作流程。

（3）了解不同家具类型的建模方法。

（4）结合平面 Photoshop 软件处理效果图。

2. 知识目标

（1）了解 3D 效果图与家具设计的关系。

（2）掌握不同建模方式基础操作知识。

（3）掌握高效渲染效果图的使用法则。

（4）掌握 3ds MAX 软件的插件使用知识。

3. 职业素养目标

（1）遵守职业道德规范，有良好的职业素养。

（2）具有健康的体魄和良好的心理素质。

（3）有良好的人际沟通交流与团队合作能力。

（4）具备较强的安全意识和责任意识。

五、课程内容和要求

1．集中授课内容

案例名称	主要内容	学习目标	课时
计算机软件基本操作	1．家具艺术设计专业中电脑效果图的作用 2．3ds MAX 及各类效果图设计软件概述 3．3D 效果图制作流程 4．3ds MAX 2010 安装	1．为电脑安装 3ds MAX 软件及其常用设置 2．了解各类效果图软件的优缺点	2
3ds MAX 常用的基础操作 1	1．工作界面 2．创建对象 3．选择、移动、旋转、缩放 4．练习创建简单模型	1．掌握视图操作基本的快捷键 2．掌握参数输入的移动、旋转、缩放方法	3
3ds MAX 的基本操作 2	1．坐标系统 2．对齐、镜像、阵列 3．创建基本三维几何体、二维平面图形	1．熟悉平面视图与透视图中坐标轴的空间轴向 2．掌握对齐、镜像、阵列方法	5
3ds MAX "线一体" 建模的命令	1．挤压、倒角、倒角剖面、壳、车削 2．应用修改面板命令制作家具模型	1．熟悉分析线体建模的应用方法 2．掌握挤压、倒角、倒角剖面、壳、车削命令操作	5
3ds MAX 复合对象命令操作	1．布尔命令 2．放样命令 3．应用复合对象制作规则复杂模型	1．掌握布尔命令建模的应用方法 2．掌握放样命令操作	5
3ds MAX 编辑多边形	1．多边形建模方法点、线、面的概念 2．编辑多边形命令 3．利用多边形命令制作不规则模型	1．熟悉多边形建模点、线、面的概念 2．掌握多边形常用基本命令	5
V-Ray 渲染器应用	1．V-Ray 渲染器设置 2．灯光设置 3．场景装饰摆设 4．贴图材质设置	1．熟悉效果图出图的流程 2．掌握 V-Ray 渲染器基本命令 3．掌握常用材质与贴图的设置 4．掌握简单场景的制作搭建	5

2．任务训练内容

任务名称	任务要求	训练目标	课时
板式家具效果图制作	1．根据板式定制家具项目的测量尺寸与设计图纸制作效果图 （1）应用实体建模和线体建模的方式制作家具部件的模型 （2）按项目要求进行渲染出图。 2．渲染出图进行简单的排版与文字说明	1．能与制图人员进行设计意图的沟通 2．掌握板式家具的建模方法 3．了解行业效果图的出图标准	10

任务名称	任务要求	训练目标	课时
实木家具效果图制作	1. 根据实木家具项目的设计图纸制作效果图 （1）线体建模和多边形建模的方法制作家具部件的模型 （2）按项目要求进行渲染出图 2. 渲染出三视图与结构细节图，并进行文字说明	1. 能与制图人员进行设计意图的沟通 2. 掌握实木家具的建模方法 3. 了解行业效果图的出图标准	10
家具效果图设计制作	1. 能按企业项目的具体要求制作效果图 2. 学习行业效果图出图的基本要求，并省去多余参数，掌握高效的出图方法	1. 能通过 3D 效果图表现公司家具产品的定位，并制作合适的效果图风格 2. 掌握家具企业效果图制作的流程与应用手段	15
木门浮雕纹样设计制作	1. 按实际项目的具体要求制作的浮雕数字模型文件 2. 学习雕刻机基本操作使用 3. 雕刻机生产的安全操作规章	1. 能根据客户要求设计可行的木门浮雕纹饰 2. 掌握浮雕雕刻设备的基本操作生产	15

六、实施要求及建议

（一）师资要求

学校导师应具有设计专业教育背景，熟练掌握多款市面常用计算机效果图软件，具有一定项目设计实践经验。熟悉 3D 效果图制作流程。熟悉课程教学内容及企业岗位工作任务和工作过程；企业导师应掌握高效制作效果图的实践操作的具体内容及要求，熟悉家具行业计算机效果图发展趋势。掌握数控雕刻机的生产操作与出浮雕图文件的软件操作。

（二）考核要求

采用笔试、面试和任务考核。其中笔试占 30%，面试占 30%，任务考核占 40%。

（三）教材编写建议

从现代学徒制合作企业的工作岗位实际工作出发，根据家具行业常用 3D 效果图软件以及未来软件技术发展趋势确定课程目标及教学内容，编写既能满足学徒学习需求又符合实施项目化教学要求的讲义。

（四）教学建议

本课程以培养熟练制作 3D 效果图的软件应用实践能力，具有高效制作各类家具造型效果图的软件应用能力为目标，在内容安排上突出软件技巧方法的实用性，强调视觉艺术效果与软件应用的重要性，集中讲授内容主要包括基础建模，复杂多边形建模、材质贴图、场景灯光与渲染，辅助插件软件的应用。

教学形式主要有集中讲授、任务训练、项目实践。集中讲授各种软件命令与操作技巧的应用，任务训练结合典型家具案例让学徒自行分析操作，了解学徒在实际工作中对课程相关知识的运用，实践操作是在企业导师指导下完成企业项目的效果图操作实践。在整个教学过程中对实践活动进行效果分析指导，以加强对效果图最终视觉效果的控制把握。

（五）课程资源开发与利用

1. 与校企合作企业针对岗位应用的实际案例，开发校本教材。

2. 编写教材与教材配套的试题、习题、考核评价表、教学案例和课件等教学资源。

3. 建立网络资源共享平台，供学徒学习、教学互动等，提供远程学习辅导。

七、其他说明

教材与参考书。

教材：自编讲义。

参考文献

3ds MAX 2012 实战 [M]. 北京：北京邮电出版社，2013.

现代学徒制家具艺术设计专业
"家具构造与制图"课程标准

一、课程基本信息

课程名称	家具构造与制图		课程编码					
课程类别	专业必修课		学制	三年				
建议总学时	80	集中授课学时	50	企业培训	0	任务训练学时	30	在岗培养学时	0
课程承担单位			适用岗位	家具设计师				
合作单位			制定人员					
制定日期			审核日期					

二、课程定位

（一）课程对应的岗位及其任务

家具构造与制图是家具设计师应该具备的基本专业知识，它要求了解基本的几何制图知识，家具制图相关标准、基本视图、剖视图、剖面图、断面图、局部详图、零部件图、轴测图等内容，课程旨在培养学徒独立进行家具施工图的绘制，并结合 CAD 完成符合制图标准的家具图样输出，满足企业设计部、技术部、车间等岗位的技术需求。

（二）课程性质

专业必修课。

（三）课程地位

本课程是家具艺术设计专业的专业基础课程，是学习其他专业技能课程的基础，也是学徒学习后续课程和完成课程设计与毕业设计不可缺少的基础。该课程共 80 课时，分理论授课与图形绘制两大部分，在课程体系中，该课程前导课程有家具史、室内设计基础，后续课程有 Auto CAD、家具工艺、软体家具设计、家具项目设计等专业核心课程。

三、课程设计思路

本课程依据家具图纸转化为生产的工作过程作为导向，突出制图知识的应用能力，从基本的制图方式开始，到投影知识，再到制图标准，最后以教室课桌椅、老师办公桌为例子，绘制出能为车间提供生产的标准图纸。另外，家具在一定程度上依托建筑、室内存在，因此有必要对家具制图进行课程拓展，进行建筑施工图与建筑装修施工图的读识与绘制。此外，在课程不同阶段设计不同的教学情境以突出教学目标掌握工作岗位需要的相关专业知识。

四、课程目标

（一）总体目标

通过课程学习掌握制图基本知识、制图基本理论与原理，通过尺寸测量提高测绘能力和对空间信息、资料收集整理能力，绘制符合国家《家具制图标准》规范的各种家具图形、图样，能正确读识家具生产技术图纸。

（二）具体目标

1. 能力目标

（1）能独立绘制符合制图标准的中等难度实木家具三视图；

（2）能独立绘制符合制图标准的中等难度板式家具三视图；

（3）能独立绘制室内平面图；

（4）能读识装修施工图。

2. 知识目标

（1）投影规律；

（2）制图标准中图框、标题栏、图线、字体等；

（3）家具三视图的绘制方法；

（4）正等轴测图的绘制方法。

五、课程内容和要求

1. 集中授课内容

任务名称	授课内容	要求	讲课时数
制图与识图的基本知识	绪论 第一章　制图与识图的基本知识 1.1　制图及手工制图工具的应用 1.2　常用制图国家标准简介 1.3　常用几何作图法 1.4　徒手绘制草图的方法	1. 掌握基本几何作图法 2. 掌握基本绘图工具的使用	10
投影基础	第二章　投影基础 2.1　投影法 2.2　三视图的形成及其投影关系 2.3　点、直线、平面的投影	1. 由简入难绘制基本几向体三视图 2. 理解点、线、面的投影规律	10

任务名称	授课内容	要求	讲课时数
家具图样的表达方法	第三章　家具图样的表达方法 3.1　视图 3.2　剖视图 3.3　断面图 3.4　局部详图 3.5　家具榫结合、紧固件以及连接件的表示方法 3.6　螺纹连接 3.7　简化画法	1. 能绘制家具外观三视图 2. 能表达全剖、半剖、局部剖等常用剖视图 3. 能表达断面图 4. 能读识榫、五金件的图样	20
家具图样	第四章　家具图样 4.1　设计图 4.2　装配图 4.3　家具部件图和零件图 4.4　家具效果图	1. 掌握零部件图的画法 2. 能读识装配图	5
知识拓展——建筑制图	第五章　知识拓展——建筑制图 5.1　建筑施工图 5.2　建筑装修施工图	1. 能读识建筑施工图 2. 能读识建筑装修施工图	5

2. 任务训练学时

任务名称	训练目标	任务要求	讲课时数
实木家具与板式家具测绘	1. 能独立测绘实木家具施工图 2. 能独立测绘简易板式桌类家具施工图	1. 实木课桌测绘 3. 实木课椅测绘 4. 实木凳测绘 5. 板式办公桌测绘	18
装修施工绘制	1. 能独立绘制室内平面图 2. 能独立绘制地面铺装图 3. 能独立绘制墙立面装修施工图 4. 能独立绘制节点详图	A3 纸横式图幅，按制图标准，绘制课本装修施工图样，图线使用准确，比例适当，以及满足其他制图标准	12

六、实施要求及建议

（一）师资需求

学校老师应具有扎实的制图基本知识与理论，对家具制图规范文件有透彻的理解，有家具企业制图工作经验，熟悉课程教学内容及企业岗位工作任务和工作过程；企业老师应掌握家具图纸读识与家具常用材料、家具图纸与生产衔接等相关内容，熟悉家具制图方法，熟悉家具结构与零部件生产。

（二）考核要求

采用平常成绩和任务考核。其中平常成绩占 50%，考核学习态度、纪律和作业；岗位培训任务考核占 50%，考核在岗培训课程中的任务完成程度和职业素养。

（三）教材编写建议

除了常规的知识点外，建议增加家具制图练习册的编写，进行系统的、有规律的、由简入难的家具制图练习，包括实木家具、板式家具施工图样板，供学徒临摹绘制。

（四）教学建议

本课程以培养制图能力为主，从点线面的投影规律与特征，到基本几何制图的方法，制图的基本知识，到更专业的家具图样的类型与绘制，到认识部件图、剖视图等家具图样，先讲基础知识再具体到家具制图的知识，最后应该补充建筑制图知识中的平面图、立面图等相关内容，便于学徒在做整体衣柜、整体橱柜，甚至全屋定制过程中能读识相关图纸，能画出平面图进行家具布置。

（五）课程资源开发与利用

1. 编写家具练习册；

2. 准备可拆的家具结构以表达剖视图、断面图等相关课程内容；

3. 建立网络资源共享平台，供学徒学习、教学互动等，提供远程学习辅导。

七、其他说明

参考书

[1] 江功南. 家具制作图及其工艺文件 [M]. 北京：中国轻工业出版社，2011.（普通高等教育高职高专家具设计与制造专业"十二五"规划教材，ISBN：9787501982417）

[2] 家具制图：QB/T 1338—2012 [S].

现代学徒制家具艺术设计专业
"家具项目设计"课程标准

一、课程基本信息

课程名称	家具项目设计		课程编码				
课程类别	专业必修课		学制	三年			
建议总学时	80	集中授课学时	30	企业培训	0	任务训练学时	50	在岗培养学时	0
课程承担单位			适用岗位	家具设计师			
合作单位			制定人员				
制定日期			审核日期				

二、课程定位

（一）课程对应的岗位及其任务

家具项目设计是核心课程之一，偏向室内家具配套方案的设计与制作，是家具设计、销售、管理类职务应掌握的内容。

家具项目设计是一门综合性极强的课程，通过不同情境的项目模拟，综合 3ds MAX、Auto CAD、Photoshop 等专业制图软件，结合人体工程学、家具制图、家具材料、室内基础知识、家具风格等专业知识进行的综合课程应用。

（二）课程性质

专业必修课。

（三）课程地位

本课程是家具艺术设计专业的专业核心课程，是模拟实际工作中的家具项目进行的学习，也是学徒学习后续课程和完成课程设计与毕业设计不可缺少的基础。在课程体系中，该课程前导课程有家具史、室内设计基础，家具制图、Auto CAD 后续课程有家具材料预料等专业课程。

三、课程设计思路

本课程主要以企业实际的工作内容为依据进行课程设计。家具企业需要针对不同客户进行上门测量，给出家具配套方案，签订合同后出家具施工图等进行家具生产，因此根据这样的实际工作内容，进行家具项目模拟，可以是私人家具、学校家具、酒店家具、办公家具等类型，进行全方位的家具专业知识练习，以突出教学目标，掌握工作岗位需要的相关专业知识。因此，前半课程在机房进行授课，后半段由企业主导进行知识强化。

四、课程目标

（一）总体目标

通过不同现实家具项目的模拟，掌握现场测量、家具平面布置图的绘制、家具风格配套设计、家具施工图绘制，项目洽谈沟通能力等多方面的知识。

（二）具体目标

1. 能力目标

（1）独立分析项目设计任务的能力；

（2）现场测量平面图并绘制的能力；

（3）多种家具专业课程综合运用的能力；

（4）项目洽谈沟通、项目竞争能力。

2. 知识目标

（1）人体工程学知识的应用；

（2）CAD、制图知识的应用；

（3）家具风格、室内风格的应用；

（4）企业家具项目的流程与制作步骤；

（5）家具项目预算表的制作。

五、课程内容和要求

1. 集中授课内容

任务名称	授课内容	要求	讲课时数
第一个学习情境任务	家具项目概述 1. 展示家具项目设计案例 2. 通过案例学习项目进行的方式步骤 机房与老师办公室测量，并绘制平面图，进行机房家具与办公室家具的方案设计。 通过上网、纸质书等资料查询方式，进行家具配套方案设计； 绘制出除椅子以外所有家具的施工图； 最终提交：封面、平面图、配置表、施工图； 适时穿插综合内容、各类知识点的讲解	1. 掌握基本的测量技巧和测量要点 2. 掌握平面图的绘制方法 3. 掌握办公家具的配置要点 4. 掌握桌子类家具的绘制	15

任务名称	授课内容	要 求	讲课时数
第二个学习情境任务	提供某私人住宅平面图及室内层高，要求进行私人家具配套设计。 要求：讨论并确定私人住宅的主人身份，并对其身份而引出的家具需求进行讨论； 通过上网、纸质书等资料查询方式，进行家具配套方案设计； 由老师指定对某些家具进行施工图绘制。 最终提交：封面、家具平面图、配置表、家具效果图、室内 3D 效果图。 （以组为单位以 1：25 比例制作室内模型） 适时穿插综合内容、各类知识点的讲解	1. 掌握家具人体工程学在设计中的应用 2. 了解私人家具配置要点与注意事项 3. 掌握柜类家具的绘制 4. 进一步巩固 3D 学习效果	15

2. 任务训练内容

任务名称	授课内容	要 求	讲课时数
企业案例模拟	1. 企业提供两个空间进行测绘，完成平面图绘制，并进行三个家具平面配置方案 2. 企业提供第三个学习任务 第三个任务： 提供一个酒店平面图，进行酒店家具的方案设计。 要求：通过查找、整理资料，了解三星级以上酒店的家具类型，并自定风格或主题进行家具方案设计；至少要有单人间、标准间、豪华套间三种类型，要求绘制出所有家具的施工图。 最终提交：封面、平面图、配置表、施工图，某件家具 3D 效果图	1. 掌握基本的测量技巧和测量要点 2. 掌握平面图的绘制方法 3. 掌握办公家具的配置要点 4. 掌握桌子类家具的绘制	25
设计类家具行业问题解决	企业提供第四个学习任务： 企业提出行业设计类问题，学徒独立或分组讨论，收集方案并提出解决方案。 此内容应依实际情况进行布置，可以是行业热点问题，可以是行业曾经的问题，可以是企业需要设计的家具款式等	1. 掌握家具人体工程学在设计中的应用 2. 了解私人家具配置要点与注意事项 3. 掌握柜类家具的绘制 4. 进一步巩固 3D 学习效果	25

六、实施要求及建议

（一）师资需求

学校导师应具有家具企业工作经验，参与过多次家具项目的制作、标书制作，熟悉课程教学内容、多种计算机知识；企业导师应掌握多种家具项目设计方式方法，如办公家具、学校家具、酒店家具与私人家具。

（二）考核要求

采用平常成绩和任务考核。其中平常成绩占50%，考核学习态度、纪律和作业；任务考核占50%，考核在岗培训课程中的任务完成程度和职业素养。

（三）教材编写建议

教学内容来自企业一线，或模拟企业一线家具项目的内容，项目灵活多变，编写的教材应关注家具常用材料规格、人体工程学、家具风格、室内基础知识，测量测绘、标书等，而用到的计算机知识则不在教程中再讲解，此外，应提供一些家具设计经典案例作为教学案例。

（四）教学建议

本课程以培养综合专业能力为主，所进行的任务布置自然具备了多种专业知识的融合，应做好严谨的教学计划，安排好每一环节的项目进程，在不同的课程中穿插讲解相关的专业知识，指导学徒将专业知识灵活应用于家具项目设计中，项目模拟应有代表性，由简入繁，常见的家具项目如学校家具、办公家具、酒店家具、私人家具等，而按风格又有更多的内容，应按具体情况进行布置，最少要进行一次完整的室内平面测量与绘制。

教学形式主要有集中讲授、在岗培训，集中讲授制作家具项目的方法流程，需要用到的专业知识；在岗培训则是在企业导师指导下在设计员或制图员岗位工作中完成。在整个教学过程中，必须对学徒的实践活动进行理论指导，以加强知识转化应用能力。

（五）课程资源开发与利用

1. 将所有做过的项目按类型归整，作为课程参考；

2. 对与家具项目相关的家具风格、人体工程学、室内基础知识等内容进行精简与归整；

3. 建立网络资源共享平台，供学徒学习、教学互动等，提供远程学习辅导。

七、其他说明

参考书

[1] 彭亮. 家具设计与制作专业[M]. 北京：高等教育出版社，2002.

[2] 江功南. 家具制作图及其工艺文件[M]. 北京：中国轻工业出版社，2011.

[3] 朱丹. 家具与陈设设计[M]. 北京：中国电力出版社，2019.

[4] 陈祖建. 家具设计常用资料集[M]. 北京：化学工业出版社，2008.

家具艺术设计专业现代学徒制三方协议书

甲方（学校）：

地址：

签约代表：

项目联系人：

联系电话：

电子邮箱：

乙方（企业）：

地址：

签约代表：

项目联系人：

联系电话：

电子邮箱：

丙方（学生／学生家长）：

地址：

身份证号：

法定监护人：

联系电话：

电子邮箱：

学校（以下简称"甲方"）。

企业（以下简称"乙方"）。

学生／学生家长（以下简称"丙方"）。

根据《国务院关于加快发展现代化职业教育的决定》，甲乙丙三方本着合作共赢、职责共担的原则，充分发挥各自优势和潜能，创新合作机制，积极开展现代学徒制试点工作，形成校企分工合作、协同育人、共同发展的长效机制，不断提高人才培养的质量和针对性，促进职业教育主动服务当前经济社会进步，推动职业教育体系和劳动就业体系互动发展。

本着"友好合作，共同培养人才"的原则，确定在家具艺术设计专业，开展现代学徒制项目——家具艺术设计专业现代学徒制班，通过轮岗形式，培养家具设计师、家具技术培训员、家具门店店长、家具企业行政主管四个目标岗位员工。针对经甲乙丙三方协商一致，达成如下协议：

一、合作内容

甲乙双方以企业的用人招工需求为标准，制定现代学徒班招生考核标准，采用"招生即招工、入校即入厂、校企联合培养"的现代学徒制培养模式，在"合作共赢、职责共担"的基础上，实施校企双主体育人、学校教师和企业师傅双导师教学。

甲方联合乙方共同组建现代学徒制培养执行团队，明确团队结构及分工职责。本现代学徒制试点项目"双师"结构教学团队＿＿＿＿＿＿人，其中甲方专任教师＿＿＿＿＿＿人，企业技术骨干作为企业岗位培养导师＿＿＿＿＿＿人，均有丰富的一线工作经验及职业技术培训经验。

甲方主导建立学徒信息档案，详细记录学徒在校学习、在企岗位培养的经历、奖惩等，便于学徒管理、测评、就业等工作的开展。

在现代学徒班中，学生与企业、学校与企业达成明确的协议和契约，形成校企联合招生、联合培养、一体化育人的长效机制，可切实提高学员的综合素质和技术技能人才培养质量，促进就业，推进产教融合。

二、三方的权利与义务

（一）甲方的权利与义务

1. 采取有效措施促进行业协会企业等单位参与现代学徒制人才培养全过程。

2. 负责现代学徒制班管理机构的筹建、学校工作人员的组成，教师队伍与专门管理人员的配备。

3. 联系合作企业共同做好现代学徒制班的生源和招生计划数申报、生源资格审查、考核选拔与招录、转专业、学徒协议签订、中途丙方退出善后安排、补录等招生招工工作。

4. 负责现代学徒制学生（学徒）的学籍管理、毕业资格审核、毕业证书发放以及校内学习日常管理工作。

5. 提供现代学徒制校内运行所需的教学场所、教学设备，包括多媒体教室、实训室、教学器材设备等。

6. 组织购买现代学徒制学生（学徒）的在校责任险、学生意外伤害险等保险。

7. 指派教师、学校行政人员到企业进行在岗工作，指派教师到企业全程参与学生教育教学管理工作，并和企业、师傅进行充分交流，进行专业调整与课程改革，改革实施学徒制专业的课程，使之更适合于学徒制教学。

8. 建立奖惩制度，对学徒、下企业教师和带教师傅举行评优活动，对于优秀的带教师傅、下企业教师和学徒按相关奖惩制度进行表彰和奖励。

9. 提供现代学徒制办班及相关研究项目开展所需经费，并负责现代学徒制班相关各类经费的发放以及现代学徒制试点工作经验的总结与推广。

10. 向上级教育行政主管部门申请支持和项目申报。

（二）乙方的权利与义务

1. 作为育人主体之一，采取有效措施参与现代学徒制人才培养全过程，包括教学、管理、评价等。

2. 乙方负责现代学徒制班管理机构企业方工作人员的组成，带徒师傅与专门管理人员的配备。

3. 协助甲方共同制订专业人才培养方案、共同开发理论与技能课程体系及教材、共同做好教师师傅"双导师"教学团队的建设与管理、共同组织考核评价、共同进行项目研发与技术服务等。

4. 协助甲方制订人才培养标准、岗位技能考核评价标准，并加强对丙方的企业文化培训，职业素养、通用能力、心理素质培养、安全教育以及职业生涯规划和就业创业指导。

5. 协助甲方共同做好现代学徒制班的生源和招生计划数申报、生源资格审查、考核选拔与招录、中途丙方退出善后安排、补录等招生招工工作。

6. 与甲方联合制订招工选拔标准、学徒协议、劳动合同等。负责现代学徒制班学生（学徒）在岗工作（学习）的日常管理。

7. 协助甲方建设校内外实训基地，用于专业课程实践，并根据专业教学特性和丙方专业学习需求，提供现代学徒制班企业运行所需的工作场所、工作设备等。

8. 保证丙方在企业岗位培训、实践、工作的人身财产安全。负责购买现代学徒制学生（学徒）的在企责任险、意外伤害险等保险。

9. 负责现代学徒制班企业技能培训的组织与运行，提供现代学徒制班学生（学徒）企业技能培训所需的学习资源，保证每学期丙方在岗工作学习时间平均不少于一个月。

10. 对项目建设实施进行过程性评价，并为丙方提供涵盖整个学徒培养周期的评价记录。

11. 合理安排教学时间，试点工学交替的校企合作育人模式；保证为丙方提供广阔的企业岗位培养、就业空间和相应的就业岗位等。

12. 负责现代学徒制班企业参与人员的津贴、交通费等费用的发放；协助学校进行现代学徒制试点工作经验的总结与推广。

13. 协助学校向上级主管部门申请现代学徒制试点项目的支持及申报。

（三）丙方的权利与义务

1. 丙方应严格按照甲方和乙方制定的人才培养方案，安排认真学习，掌握相关的技术技能；在企业岗位培养期间认真做好岗位的本职工作，培养独立工作能力，刻苦锻炼和提高自己的业务技能，在企业岗位培养中努力完成专业技能的学习任务。

2. 丙方在学校学习期间，如因无法适应现代学徒制项目，提出转专业申请或退学申请，须经甲乙双方协商同意后方可转专业或退学。

3. 丙方在校学习期间应服从甲乙双方的共同教育和管理，自觉遵守甲方制定的各项校园管理规定及各项教学安排，丙方在乙方企业实践教学期间，须遵守乙方依法制定的各项管理规定，严格保守乙方的商业秘密。

4. 遵守学校学徒制的相应管理规定和要求，与校内指导教师保持联系，按照企业培训课程的教学要求做好工作日志的填写、工作报告的撰写等相关工作，并接受工作单位和学校的考核。

5. 根据甲乙双方制定的考核标准参加考核，考核成绩与甲方组织的理论考试拥有同等效力，并归档作为后期选优参考。

6. 丙方在规定年限内，修完人才培养方案规定内容，达到毕业要求，准予毕业，由学校发给丙方入学专业的毕业证书。

7. 在学习期间，丙方如有以下行为，甲乙双方协商达成共识后有权将丙方劝退回本专业普通教学班级，由此产生的后果由丙方自行承担。

（1）在实践期间违反国家法律法规。

（2）丙方不服从甲乙双方共同制定的教学安排。

（3）严重违反甲方学生管理制度或乙方相关管理规定、劳动纪律。

8. 丙方在乙方企业岗位培养期间的薪资，由甲乙丙三方根据现代学徒制相关政策规定、乙方规章制度以及丙方的工作岗位及工作表现和在岗期间的贡献度来确定，并可根据企业实际经济状况、公司规章制度，结合乙方的工作绩效，对乙方的工资进行调整。丙方工作薪资协议应充分考虑其学徒身份，保障其基本生活。薪资的支付方式可由乙、丙双方协商确定。

9. 家长配合学校做好学生的思想工作，帮助他们消除顾虑，积极引导并支持孩子到企业进行实践（半工半读）。

10. 在签订本协议时，丙方应该将此情况向家长汇报并征得家长同意，未满 18 周岁学生还需要提交监护人签字的知情同意书。

三、协议有效期限

本协议约定的有效期限为：_____ 年 ____ 月至 _____ 年 ____ 月。

四、声明和保证

1. 甲乙双方保证丙方在学徒两年学习期满且岗位技能全部过关，其从学徒转为正式员工。

2. 甲乙双方保证实现校企技术力量、实训设备、实训场地等资源共享。

3. 甲乙双方保证丙方在企业岗位培养中受到《劳动法》《劳动合同法》的保护。

4. 校企双方共同组织岗位技能、职业资格证书考核，毕业时，学徒取得初级以上资格证书或达到行业同等水平。

5. 校企合作共建校内实训基地，半工半读，实现互联网 + 实时师徒互动。

6. 甲乙双方保证在两学年期间，制定弹性学制和学分制实施方案，实施弹性学制和学分制；丙方所有学习内容均由可量化为学分的模块化课程体系和岗位技能训练项目组成。

五、保密条款

在甲乙丙三方合作关系存续期间，必须对有关的保密信息（包括但不限于在此期间接触或了解到的商业秘密及其他机密资料和信息）进行保密，尤其是要对甲方的经营管理和知识产权类信息进行保密；非经其余两方书面同意，任何一方不得向任何第四方泄露、给予或转让该等保密信息。

1. 保密内容：本合同约定内容。

2. 涉密人员范围：家具艺术设计专业现代学徒制相关人员。

3. 保密期限：自甲、乙方盖章和丙方签字之日起开始，至上述商业秘密公开或被公众知悉时止。

4. 泄密责任：保密方有权向泄密方所在地方法院提出诉讼。

5. 保密条款具有独立性，不受本合同的终止或解除的影响。

六、违约责任

1. 任何一方没有充分、及时履行义务的，应当承担违约责任；给守约方造成经济和权利损失的，违约方应赔偿守约方由此所遭受的直接和间接经济损失。

2. 由于一方的过错，造成本协议及其附件不能履行或不能完全履行时，由过错的一方承担责任；如属三方的过失，根据实际情况，由三方分别承担各自应负的责任。

3. 如因不可抗力导致某一方无法履行协议义务时，该方不承担违约责任，亦不对另外两方因上述不履行而导致的任何损失或损坏承担责任。

4. 违反本协议约定，违约方应按照《中华人民共和国合同法》有关规定承担违约责任。

七、争议处理

1. 本协议受中华人民共和国相关法律法规的约束，当对本协议的解释、执行或终止产生任何异议时，由三方本着友好协商的原则解决。

2. 如果三方通过协商不能达成一致意见，三方任何一方有权提交仲裁委员会进行仲裁或依法向甲方所在地当地人民法院提请诉讼。

3. 除判决书另有规定外，仲裁、诉讼费用及律师代理费用由败诉方承担。

八、协议变更与终止

1. 本协议一经生效即受法律保护，任何一方不得擅自修改、变更和补充。本协议的任何修改、变更和补充均需经三方协商一致，达成书面协议。

2. 本协议在下列情形下终止：

（1）合作协议期满；

（2）甲乙丙三方通过书面协议解除本协议；

（3）因不可抗力致使协议目的不能实现的；

（4）在委托期限届满之前，当事人一方明确表示或以自己的行为表明不履行协议主要义务的；

（5）当事人一方迟延履行协议主要义务，经催告后在合理期限内仍未履行；

（6）当事人有其他违约或违法行为致使协议目的不能实现的。

3. 因协议期限届满以外的其他原因而造成协议提前终止时，甲乙丙三方均应提前（时间）书面通知其他二方。

九、补充与附件

1. 本协议未尽事宜由三方另行及时协商解决，补充协议或条款作为本协议一部分，与本协议具有同等法律效力。

2. 如果本协议中的任何条款无论因何种原因完全或部分无效，或不具有执行力，或违反任何适用的法律，则该条款被视为删除，但本协议的其余条款仍应有效并且具有约束力。

十、其他

1. 本协议一式三份，由甲乙丙三方各执一份，经三方合法授权代表签署后生效。
2. 本协议生效后，对甲、乙、丙三方都具有同等法律约束。

甲方：

委托代理人签字盖章（公章）：

日期：　　　年　　　月　　　日

乙方：

委托代理人签字盖章（公章）：

日期：　　　年　　　月　　　日

丙方：

学生／法定监护人签字：

日期：　　　年　　　月　　　日

校企开展"现代学徒制"人才培养合作协议

甲方： _____ 学校（以下简称"甲方"）

乙方： _____ 企业（以下简称"乙方"）

    为全面落实国家提出的高职院校与企业共同合作、双元育人的精神，充分利用校企双方各自的优势，发挥学校的教育系统性作用，为社会及企业在岗培养高素质、高技能应用型技能和管理人才的同时，也为学校创新人才培养模式提供平台，甲乙双方在公平、公正、合理、平等、自愿、互信、共赢的基础上，经充分酝酿和友好协商，现就联合开展现代学徒制人才培养事项达成如下协议：

一、合作原则

    本着"优势互补、资源共享、互惠双赢、共同发展"的原则，甲乙双方建立长期、紧密的合作关系。

二、合作形式及内容

    （1）办学形式：联合自主招生，共同培养。

    （2）培养方式：采取校企"双导师制"，在岗培养（学员在不脱离工作岗位的前提下完成学业）。

    （3）学制与学历：学制为三年，完成规定的学分，经甲乙双方审核达到毕业要求，颁发全日制普通专科教育毕业证书。

    （4）招生专业： _____ 学院 _____ 专业。

    （5）招生对象：通过校内选拔方式，招收 _____ 级家具艺术设计专业学生。

    （6）招生规模：计划招生 _____ 人。

    （7）对应岗位：家具设计师、家具技术培训员、家具门店店长、家具企业行政主管。

三、甲乙双方职责

（一）甲方

（1）申报招生计划，牵头组织招生宣传。

（2）按照相关文件精神负责招生报名、考生资格审查、自主招生考试命题、组卷、试卷保密等工作，组织安排自主招生的考试、评卷、分数统计等工作。

（3）负责新生录取、信息公布、发放新生录取通知书、新生录取备案、学籍管理等工作。

（4）牵头组织双方相关人员共同制订人才培养方案、选定教材、选派任课师资、组织实施教学。

（5）负责基础理论教学质量监控，实施理论基础考核。

（6）与乙方共同制定技能课程教学质量监控办法，学员技能考核与管理的相关制度，并对乙方组织实施情况进行不定期抽检。

（7）承担甲方委派到乙方上课教师的交通费用和课酬。

（8）积极参与企业的技术升级与项目攻关，科研成果优先在乙方推广应用。

（9）尊重乙方的知识成果与企业文化，保守乙方的商业秘密。

（二）乙方

（1）协助甲方开展招生宣传及招生工作，积极组织员工报考。

（2）与被录取的学员个人签订现代学徒制相关的合同（主要是劳动合同）。

（3）与甲方共同制订学徒制人才培养方案，并与甲方共同完成学徒制人才培养的全部工作。

（4）负责组织技能课程的教学，与甲方共同组织对学徒制学员专业技能的考核或评估，科学评定学员的专业技能成绩。

（5）提供能承担学徒制人才培养工作的师资（主要是技能导师）、课程教学和工作场地，以及学员完成学业必需的岗位。

（6）为甲方派遣到乙方教学的教师免费提供食宿。

（7）负责学徒的安全、生活和纪律管理，以及职业素质的培养。

（8）负责按照相关规定选定乙方具有资质的导师，并把相关资料提供给甲方备案。

（9）负责现场指导教学，导师每次带教的学徒人数原则上不得超过 10 人。

（10）按甲方的规定管理教学文件。

（11）乙方委派的导师课酬由乙方承担。

（12）为甲方"双师型"教师的岗位培养提供便利条件，积极参与甲方的专业建设工作。

四、学费收取及办学经费开支

（1）学费收取。按南宁市物价部门批准的普通高职生收费标准，由甲方按学年收取学徒制学员的学费、购买教材代收代支费。

（2）甲方将实收乙方学徒员工学费的 30% 支付给乙方作为联合办学经费。

（3）甲方根据国家规定标准统一结算购买教材代收代支费（每学年第二学期末结算，多退少补）。

五、合作时间

从 _____ 年 ____ 月至 _____ 年 ____ 月止，如有特殊情况双方协商延期，延期时间不得超过 1 年。

六、违约与协议解除

（1）原则上合作过程中不得解除协议。

（2）如一方单方面严重违法违约，另一方有权通过法律程序追究违约方的法律责任，并由违约方承担因此而造成的一切经济损失。

（3）合作期间如发生双方无法预见、无法防范而致使协议无法正常履行的事由，需要变更或解除协议的，双方应按照有关规定妥善处理。

七、附则

（1）成立"现代学徒制人才培养工作领导小组"。

"现代学徒制人才培养工作领导小组"的职责是，定期或不定期召开沟通研讨会，讨论决定现代学徒制育人过程中的重大问题，统筹协调人才培养的相关工作。小组成员由甲乙双方的高层管理人员和专业（技术）骨干组成，在协议签订后 1 个月内完成组建，并开始运作。

（2）甲乙双方各自设立"现代学徒制人才培养工作小组"。

在组建"现代学徒制人才培养工作领导小组"的同时组建"学徒制人才培养工作小组"，该工作小组在领导小组的领导下开展工作，其职责是执行"现代学徒制人才培养工作领导小组"决议，组织实施现代学徒制人才培养方案，解决人才培养过程中的具体问题。

（3）本协议如有未尽事项，由双方协商后，再做出补充规定，补充规定与本协议具有同等效力。

（4）本协议一式四份，甲方、乙方各持两份，均具有相同法律效力。

甲方：   乙方：

签约代表：   签约代表：
委托代理人：   委托代理人：
　　年　月　日   　　年　月　日

家具艺术设计专业"双导师"互聘共培合作协议

甲方：＿＿＿＿＿＿学校（以下简称"甲方"）

乙方：＿＿＿＿＿＿企业（以下简称"乙方"）

在甲方与乙方联合实施现代学徒制人才培养的框架协议的基础上，经双方协商在校企"双导师"互聘共培事项上共同达成如下协议：

一、合作目的

"互聘"是指甲方聘用企业技术骨干作为现代学徒制企业导师，乙方聘用学校骨干教师作为技术顾问。"共培"是指甲方对聘用的企业技术骨干进行职业教育教学能力培养；乙方对学校骨干教师的岗位技能进行培养。通过甲乙双方的共同培养，形成一支既能适应现代学徒制教学设计、教学实施和教学考核评价，又能适合乙方技术升级需求的"双导师"团队，促进甲乙双方的协同创新发展。

二、资格条件

（一）甲方推荐具有如下条件的教师供乙方选择聘用为生产技术顾问

1. 遵守国家的法律、法规以及方针政策，坚持四项基本原则。

2. 具有现代学徒制所涉及的企业工作岗位工作的经历，至少要通过企业的现场调研，熟悉所任课程涉及的岗位工作对知识、技能和基本素质的需求。

3. 具有大学本科以上学历或中级以上专业技术职务。

4. 业务基础扎实，具有承担本专业（课程）教学任务和企业技术升级的业务能力。

5. 具有良好的职业道德和协作意识，能遵守校企双方的各项管理规章制度。

6. 年龄 60 周岁以下，身体健康。

（二）乙方推荐具有如下条件的岗位技术人员为现代学徒制企业导师人选

1. 遵守国家的法律、法规以及方针政策，身体健康的企业在岗员工。

2. 具有良好的职业道德和协作意识，能遵守校企双方的各项管理规章制度。

3. 具备三年及以上企业岗位工作经历、大专以上学历，并符合以下条件之一者：中级以上专业技术职称、获得高级及以上职业资格等级证书、中层及以上领导职务。对企业推荐的具有五年以上岗位经历的优秀员工，可不受上述学历、职称和职务的限制。

三、培养内容

1. 职业教育理念的更新培训，主要包括国内外现代职业教育发展的动向和成功案例、国家职业教育改革的最新精神和解读，我校人才培养改革的理念、总体思路和具体实现的路径。培养的核心重点内容是现代学徒制的人才培养理念。

2. 内涵建设方法的培训，重点内容是如何通过政行校企的多方合作与协同，实现专业建设、人才培养模式、企业员工在岗培训和联合技术攻关的改革与创新，以达到校企等多方的协同创新发展。

3. 学校导师企业岗位能力提升培育，重点是熟悉与专业相关行业发展的现状与趋势、合作的大型骨干企业生产情况、结构调整和技术升级中遇到的主要问题、解决问题的方向等。

4. 企业导师重点是执教能力的培训，主要是现代学徒制教学个人教学文件的撰写培训、课程的开发、教学方法和手段等课堂教学常规培训。

四、双方职责

（一）甲方职责

1. 负责推荐符合本协议条件的老师供乙方聘任。

2. 负责牵头制订"双导师"互聘共培计划，双方认可后实施培训。

3. 负责"双导师"的执教理念与执教能力培训，并承担按照计划实施培训的全部费用。

4. 负责按照相关规定解决聘任为技术顾问在企业生产一线期间乙方老师的待遇问题。

5. 负责建立校企"双导师"培训业务档案。

（二）乙方职责

1. 负责推荐符合本协议条件的岗位技术与管理人员供甲方聘任。

2. 协助甲方制订和实施"双导师"互聘共培计划。

3. 为外出受训的乙方人员提供便利条件，确保培训的顺利开展。

4. 指派专门人员指导到本企业生产一线锻炼的甲方人员开展工作。

5. 负责对到本企业生产一线锻炼的甲方人员进行管理与考评。

6. 负责按照相关规定解决聘任为技术顾问到企业生产一线锻炼期间甲方老师的劳动补贴问题。

五、其他

如因不可抗力事件致使协议无法履行，则本协议自动终止。

本协议一式两份，甲乙双方各执一份，合作协议一经双方代表签字盖章即生效，双方共同遵守有关条款。

合作时间本协议从 _____ 年 ___ 月至 _____ 年 ___ 月止。如需延长合作时间，双方协商确定具体延期时间。

甲方：   乙方：

签约代表：   签约代表：
委托代理人：   委托代理人：
　　年　月　日   　　年　月　日

现代学徒制主导企业信息表

企业信息			
企业名称			
企业性质		所属行业	
公司规模		工作地点	
培养岗位			
岗位职位描述			
附件			
备注			

现代学徒制企业师傅选拔申请表

姓名		照片
性别		
身份证号		
出生年月		
工作单位		
所在岗位	职务	
最高学历	职称（职业资格等级）	
手机号	电子邮箱或 QQ 号	
工作经历		
本岗位技术专长 （含其他技术专长）		
培训或教育经历 （或对教育的理解）		

审批意见：

企业：
学校：

（盖章）

年　月　日

现代学徒制导师团队名单公告

各单位、各部门：

　　经过考核，现确定 _____ 、_____ 、_____ 同志为现代学徒制试点师傅，负责 _____ 级 _____ 专业的学徒班教学工作。

　　特此通报。

现代学徒制试点工作小组

（盖章）

现代学徒制双导师聘任审批表

姓名		性别		出生年月		民族	
工作单位				职务／职称			
毕业学校				学历／学位			
毕业专业			工作领域		家具设计师		
通信地址				邮政编码			
联系电话		手机		电子邮箱			

工作经历	起止时间	工作单位	技术职务	行政职务

二级院系推荐意见	拟聘用的时间与担任的主要工作（包括课程、指导毕业论文和专业建设等内容） 聘用期从 ___ 年 __ 月至 ___ 年 __ 月，拟承担 _____ 等工作。 二级院系签章 年　　月　　日
合作办学企业意见	 合作企业签章 年　　月　　日
学校审批意见	 教务处签章 年　月　日

注：1. 聘用人选需提供毕业证书、职称证书或技能证书复印件。
　　2. 该审批表一式两份，教学工作领导小组和企业各一份，教务处复印存档。

现代学徒制企业师傅聘任书

_____：

　　经过评审，特聘您作为 _____ 级 _____ 专业现代学徒制试点导师，指导学徒进行 _____ 岗位的学习和工作，并在学徒的职业技能、职业道德和准则、职业发展等方面给予培养与指导。

　　指导时间：从 _____ 年 ___ 月 ___ 日至 _____ 年 ___ 月 ___ 日

　　学制：_____ 年

　　指导学徒：

　　现代学徒制试点单位：

（盖章）

颁发日期： 年 月 日

现代学徒制企业师傅档案表

姓名		照片
性别		
身份证号		
工作单位		
所在岗位	职务	
最高学历	职称 （职业资格等级）	
手机号	电子邮箱或 QQ 号	
考核情况	指导津贴 / 元	

指导学徒情况	指导时间	指导岗位	岗位任务描述	指导人数	学徒姓名	学徒成绩	备注
人事部门意见							

注：本表由企业师傅按指导学徒的实际情况填写，按年度填报。

现代学徒制校内导师档案表

教师姓名			曾用名			性别		照片
年龄		出生年月			民族		政治面貌	
家庭住址								
原始学历			毕业时间			毕业于 何校何专业		
最高学历			毕业时间			进修于 何校何专业		
何年何月获 得何种资格 证书			证号			颁发单位		
何年何月获 得何专业技 术职称						证号		
户口 所在地						身份证号码		
普通话 合格考试获 何级别		英语 考试获 何等级		计算机 考试获 何等级		联系电话		
曾任教 何学段 何学科			拟任学科			曾获 何级奖励		
个人学习（工作）简历								
起讫			学习（工作）单位			证明人		

现代学徒制企业师傅工作考核表（考核小组用）

师傅姓名		所属部门	
学徒姓名（学徒组）		学徒岗位	
考核时间		考核结果	

说明：本表格考核企业师傅在授课、指导学徒、职业素养、个人素质等方面的能力。由现代学徒制考核小组对师傅进行考核打分。

考评内容	考评意见
表达能力	强□　　较强□　　一般□　　较差□　　差□
工作态度	好□　　较好□　　一般□　　较差□　　差□
行为规范	好□　　较好□　　一般□　　较差□　　差□
岗位常识	好□　　较好□　　一般□　　较差□　　差□
安全意识	强□　　较强□　　一般□　　较差□　　差□
综合评价	优□　　良□　　中□　　合格□　　不合格□
特殊能力和贡献	
学徒评价	优□　　良□　　中□　　合格□　　不合格□
考核小组评语	签名： 日期：

现代学徒制企业师傅工作评价表（学徒用）

师傅姓名		所属部门	
学徒姓名 （学徒组）		学徒岗位	
评价时间		评价结果	

说明：本表格评价企业师傅在授课、指导学徒、管理学徒等方面的能力。由师傅指导的学徒进行评价。评分等级 A、B、C、D、E 分别代表优、良、中、合格、不合格。

序号	考核评分标准	评分等级					备注说明
		A	B	C	D	E	
1	授课时逻辑清晰、表达清楚、易于理解						
2	授课课件条理清晰、易读、美观						
3	课程实用性强，对我工作有实际帮助						
4	布置的任务清晰、目标明确						
5	提供的建议，辅导是我需要的						
6	需要时能从师傅那里得到帮助						
7	定期与我沟通交流，能耐心指导						
8	能通过交流，清楚我的问题所在						
9	互动时能解答我的疑惑						
10	师傅认真投入地做导师这项工作						
11	总体来说，对师傅的评价是						

其他建议：

签名（可匿名）：
日期：　年　月　日

现代学徒制企业师傅工作职责

1. 认真做好对学徒的日常考勤和管理工作，加强职业道德、劳动纪律和企业文化等教育，培养学徒文明、守纪的良好习惯。

2. 负责指导学徒熟悉工作环境和防护设施，提高学徒的自我保护能力，采取有效措施防止学徒在学习中受到伤害和发生安全事故。

3. 认真做好对学徒技能训练的指导和各技术环节的示范，并经常进行提问和讲解，使学徒尽快掌握实际操作技能。

4. 认真听取学校导师的建议和意见，采取措施及时解决学徒指导中存在的问题，不断提高指导质量。

5. 督促学徒及时填写每周记录本，并在其上填写评语并签名。

6. 实行学徒学习信息通报制度，定期向学校、学徒家长通报交流学徒学习情况。

7. 配合学校和第三方评价机构，对学徒进行岗位考核评价。

8. 认真完成企业领导交办的其他各项工作任务。

现代学徒制试点工作小组

（盖章）

学徒工作日志

日期		指导师傅	
训练项目		工作地点	
		累计时间 / 天	
学习内容描述			
难点			
重点			
收获、感想			

现代学徒制试点班学徒周记

企业单位：

记录时间：

年　　级：

专　　业：

学　　号：

姓　　名：

现代学徒制学习周记（20　～20　学年第　学期第　周）

起止日期	年　月　日至　年　月　日	第　周

单位或项目：

岗位：

项目进展情况：（工作内容、完成情况，不少于 200 字）

本人参与项目实践情况：

涉及相应的规范、标准及设计要求：

需要指导教师解答的问题：

指导教师意见：

备注：根据需要可按本表式加页。

现代学徒制学习周记（20　~20　学年第　学期第　周）

起止日期	年　月　日至　年　月　日	第　周

单位或项目：

岗位：

项目进展情况：（工作内容、完成情况，不少于 200 字）

本人参与项目实践情况：

涉及相应的规范、标准及设计要求：

需要指导教师解答的问题：

学徒签名：	企业指导老师签名：	校内指导教师签名：
年　月　日	年　月　日	年　月　日

现代学徒制阶段性自我总结报告

总结内容要求：1. 简述学习概况；
2. 学习主要内容与要求；
3. 项目和任务完成情况；
4. 遇到的技术问题及解决方法、处理效果等；
5. 学习效果及主要收获（含知识与技能的运用及熟练程度）；
6. 存在的不足与建议。

格式要求：字数不少于 2000 字，必须用水笔或钢笔的手写文字，字迹应端正清晰。

自我总结：

自我总结	
	学徒签名： 年　月　日
导师指导 与评语	企业师傅评语： 学校教师评语：

现代学徒制学徒岗位培训情况登记表

填表日期：

姓名		学号		性别	
系 别		专业		班级	
学徒联系方式	住址：			电话（手机）：	
企业名称				企业性质	
项目名称及地点					
培训主要岗位		所在部门			
导师姓名		职务或职称		电话/E-mail	
培训时间		年 月 日至		年 月 日共计 周	
项目概况					
岗位培训情况					
导师评语					

学徒制班双导师年度总结

年度		学徒制合作企业	

导师基本信息							

姓名		性别		年龄		专业	
系（部）		教研室		任教专业			
电话				电子邮箱			

导师年度总结
签名： 日期：

企业消防安全承诺书

我公司现与 _____ 学院合作建设"家具生产加工一体化实训基地"。为确保安全开展现代学徒制相关课程教学和实训任务，现就该实践基地消防安全郑重承诺如下：

一、认真落实防火安全责任制，明确各岗位的消防安全责任人、消防安全管理人及其职责，强化消防安全管理，坚决防范火灾事故的发生。

二、制定本公司灭火和应急疏散救援预案，至少每半年进行一次演练，并结合实际，不断完善预案。

三、按要求如实开展防火检查、巡查，公司消防安全责任人、消防安全管理人应每日进行防火巡查，每周对公司所有消防设施进行检查；部门负责人在上下班之前进行防火检查；员工每日进行岗位检查。对检查、巡查应做好记录，如存在火灾隐患，能当场整改的，及时整改。对不能当场改正的火灾隐患，应及时上报给消防安全管理人或责任人，提出整改方案。消防安全管理人或者消防安全责任人应当确定整改的措施、期限以及负责整改的部门、人员，并落实整改资金。

四、严格按照国家规定设置消防器材和疏散标识，并经常维护保养，确保完好有效，不损坏和擅自挪用、拆除、停用消防设施和器材。

五、严格执行用火、用电、用油和用气制度，不乱拉电线和违规使用大功率电热器等，不违法使用、存储、经营各种易燃易爆的危险化学品。建立油漆溶剂等易燃易爆品的使用和管理台账，完善仓储和出库入库手续，做到使用人员、存放地点、数量清晰易查。

六、通过多种形式开展经常性消防安全教育，对每一名员工每年进行一次消防安全培训，培训内容有：有关消防法规、消防安全制度和消防安全的操作规程；本部门、本岗位的火灾危险性和防火措施；有关消防设施的性能、灭火器材的使用方法；报火警、扑救初起火灾以及自救逃生的知识和技能。

七、建立健全消防档案。消防档案应当包括消防安全基本情况和消防安全管理情况。对消防档案统一保管、备查。

八、及时清理生产废料，废旧设备，划分存放区域并及时进行清理。

九、对电气线路、电气设备进行安全检查，对重要的线路、设备进行标示。

十、保持桥面通道畅通，禁止停放任何车辆在出口桥面上。

本公司严格接受相关部门的监督管理，未履行以上承诺的，自愿接受处罚。

承诺单位（公章）

消防安全责任人（签名）

年　月　日

学徒工作现场安全管理制度（企业师傅用）

一、总则

为加强工作现场安全管理工作，进一步落实监管措施，理顺监管职责，有效控制一般性事故，杜绝安全事故的发生，特制定本管理制度。

二、职责

企业师傅对学徒工作过程的安全管理工作进行监管，根据所负责项目的实际情况和特点，组织对安全生产管理进行日常检查。

三、工作制度

1. 企业师傅和项目部应加强家具生产现场安全文明生产的管理，根据企业要求，有针对性地制订安全文明生产管理措施及监管计划。

2. 安全监管的主要内容有：

（1）每天巡查安全生产管理情况。

（2）督促学徒反馈安全生产情况。

（3）根据安全生产管理有针对性地进行旁站监管，对违章操作的人与事进行取证作为处罚依据。

（4）总结当天的安全生产管理情况，记录在工作日志。

（5）每周总结现场安全生产管理情况并存档在周工作记录中。

3. 对于存在特殊情况的工作现场，应在企业处理后，再进行学徒教学。

4. 学徒在入职课程中，企业师傅应根据企业和工作的特殊性，将安全生产注意事项和要素传达给学徒，同时要求学徒对安全生产要求进行记录，考核通过后方能上岗。

5. 对于特殊的岗位工作分项，比如项目实施现场，涉及安全生产的因素，均应在学徒入职课程、学徒进入生产性任务之前进行讲解并确保学徒安全生产考核通过。

6. 现场发生质量安全事故时，企业师傅应及时向其领导报告，企业应立即启动应急预案。

学徒消防安全承诺书

本人自愿接受公司管理，并郑重承诺，在现代学徒制培训教学中严格履行以下责任和义务：

1. 认真执行公司、车间安全生产管理制度，积极参加公司组织的消防演练或培训，努力提高业务素质和技能，熟练掌握现场扑救、逃生和救护技术。

2. 不携带烟火进入家具生产车间，对身边违章携带烟头或吸烟现象给予举报或制止。

3. 熟悉公司消防逃生图，熟悉现场安全通道，自觉维护安全通道畅通。保证不将安全出口上锁、遮挡，保证不堵塞疏散通道、不占用车间出口的桥面。

4. 检查维护责任区内的消防器材、消防设施的完好，熟练掌握消防器材设施的使用方法。不违章关闭消防设施，保证消防设施、灭火器材不被遮挡妨碍使用或者被挪作他用。

5. 在当班过程中自觉遵守消防法律法规和技术规范，确保消防安全。

6. 在责任区内严格执行班后断电制度，随时检查电气线路、设备的安全运行状况，不违章用电，对电气火险隐患及时发现上报处理。

有效期（每年一签）： 　　年　月　日至　　年　月　日

承诺人签字（手印）：

学徒生产性任务安全须知及安全承诺

一、基本要求

1. 在企业学习期间自觉按照企业的要求认真履行自己的义务。

2. 服从学校对学徒岗位工作的统一组织与管理。

3. 严格遵守企业的各项规章制度：

（1）严格遵守企业的考勤制度，不缺勤，不迟到，不早退，需要请假或离岗时，应及时与企业师傅和所在企业相关部门联系，征求他们的意见，得到同意后再办理相关手续；自觉服从企业的岗位分配及管理。

（2）严格遵守企业的保密制度，根据所在场地要求，配合签订保密协议。

（3）严禁在工作区域内打闹嬉戏，更不得打架斗殴。

（4）严禁将易燃易爆物品带入工作场地。

（5）严格遵守企业其他相关制度和要求。

4. 严格遵守学徒行为规范和社会道德规范，不做有损国家、学校、企业、家庭形象和声誉的事情，不在外留宿，不通宵上网，不进入营业性歌舞厅、网吧等娱乐场所或从事不健康活动。因违反上述规定而引发的各类安全事故与治安事故，均由学徒本人承担责任，学校将按相关规章制度给予相应的处分，并视情节轻重，在必要时移交公安机关追究学徒的法律责任。

5. 尊重企业师傅和企业其他工作人员。

6. 在企业学习期间遵守纪律，加强安全防范意识：

（1）重视路途的安全，遵守交通法规。不准无证驾驶车辆，不准私开他人车辆。

（2）注意生产安全。在现场参加具体操作时，要听从企业师傅的指挥，严格执行安全生产规程和标准，遵守操作规程，防止生产过程中的事故发生，发现问题及时报告，妥善处理。

（3）注意消防安全，学会使用消防设施，每到一个新的工作场地，必须先了解场地周围的消防设施和器材，发生紧急情况时要第一时间使用现场的消防器材进行自救和救人。非紧急情况不准私自动用消防器材或设施。

（4）外出或与陌生人交谈时，保持警惕，保障人身和财产安全。

（5）注意饮食卫生，不暴饮暴食，保持身体健康。

（6）不得参与国家禁止的经营活动，警惕上当受骗。

7. 无论因何原因离开企业，应立即回校报到，不得在校外逗留。如未按时回校报到，由此发生的一切安全事故由学徒本人负责，学校将按有关规定给予相应处分。

二、注意事项

1. 在企业学习期间若因学徒本人违反纪律、不遵守操作规程或不服从企业及学校管理而导致安全事故的发生，所有责任由学徒本人承担；被企业辞退的学徒，自觉接受学校处理并积极认真改正错误。

2. 若在企业学习期间未经学校和企业批准而擅自离开岗位，所造成的损失和责任由学徒本人负责，学校将按有关规定给予相应处分。

3. 在企业学习期间若变更电话号码，学徒或家长应及时告知企业师傅，因未及时告知企业师傅而造成的一切后果由学徒本人承担。

4. 在前往企业的途中，若学徒因不服从企业或企业师傅的安排而导致意外发生，责任由学徒本人承担。

5. 因在企业学习需要在校外租房居住的，必须先征得家长和学校同意，经批准后方可在校外租房居住，安全问题由学徒本人负责。

三、安全承诺

我参加了学校组织的生产性任务安全教育课程学习和考试，认真学习了生产性任务安全须知。深知无论是在企业学习还是在生活中确保人身安全的重要性，确保自身安全是对自己、对父母、对学校、对社会负责的表现。我郑重承诺：

1. 遵守企业的各项章制度，积极参加企业组织的安全教育课，熟知所在岗位的操作规程、潜在的危险及应对方法。

2. 遵守交通规则，自觉注意上下班路途安全。

3. 工余时间积极从事有益身心健康的活动，但一定会注意安全，绝不参加危及人身安全的活动或游戏。

4. 无论是在企业安排的宿舍或是在家，都会注意安全用电、防火及防盗，确保自身安全。

每位学徒务必仔细阅读、严格遵守以上安全须知。如有违反并造成不良后果的，学校将追究当事人的责任，学徒考核不予通过。凡因个人原因造成的各类后果，责任自负。以上内容经学徒及家长认真阅读，确认无异后签字。

本《学徒生产性任务安全须知及安全承诺》一式两份，经学徒及家长签字后，学校保留存档一份，学徒自留一份。

学徒签名：　　　　　　　　　　　　家长签名：

　　　年 月 日　　　　　　　　　　　　年 月 日

附录
政策文件 1

国务院关于加快发展现代职业教育的决定
国发〔2014〕19号

各省、自治区、直辖市人民政府，国务院各部委、各直属机构：

近年来，我国职业教育事业快速发展，体系建设稳步推进，培养培训了大批中高级技能型人才，为提高劳动者素质、推动经济社会发展和促进就业作出了重要贡献。同时也要看到，当前职业教育还不能完全适应经济社会发展的需要，结构不尽合理，质量有待提高，办学条件薄弱，体制机制不畅。加快发展现代职业教育，是党中央、国务院作出的重大战略部署，对于深入实施创新驱动发展战略，创造更大人才红利，加快转方式、调结构、促升级具有十分重要的意义。现就加快发展现代职业教育作出以下决定。

一、总体要求

（一）指导思想。以邓小平理论、"三个代表"重要思想、科学发展观为指导，坚持以立德树人为根本，以服务发展为宗旨，以促进就业为导向，适应技术进步和生产方式变革以及社会公共服务的需要，深化体制机制改革，统筹发挥好政府和市场的作用，加快现代职业教育体系建设，深化产教融合、校企合作，培养数以亿计的高素质劳动者和技术技能人才。

（二）基本原则。

——政府推动、市场引导。发挥好政府保基本、促公平作用，着力营造制度环境、制定发展规划、改善基本办学条件、加强规范管理和监督指导等。充分发挥市场机制作用，引导社会力量参与办学，扩大优质教育资源，激发学校发展活力，促进职业教育与社会需求紧密对接。

——加强统筹、分类指导。牢固确立职业教育在国家人才培养体系中的重要位置，统筹发展各级各类职业教育，坚持学校教育和职业培训并举。强化省级人民政府统筹和部门协调配合，加强行业部门对本部门、本行业职业教育的指导。推动公办与民办职业教育共同发展。

——服务需求、就业导向。服务经济社会发展和人的全面发展，推动专业设置与产业需求对接，课程内容与职业标准对接，教学过程与生产过程对接，毕业证书与职业资格证书对接，职业教育与终身学习对接。重点提高青年就业能力。

——产教融合、特色办学。同步规划职业教育与经济社会发展，协调推进人力资源开发与技术进步，推动教育教学改革与产业转型升级衔接配套。突出职业院校办学特色，强化校企协同育人。

——系统培养、多样成才。推进中等和高等职业教育紧密衔接，发挥中等职业教育在发展现代职业教育中的基础性作用，发挥高等职业教育在优化高等教育结构中的重要作用。加强职业教育与普通教育沟通，为学生多样化选择、多路径成才搭建"立交桥"。

（三）目标任务。到 2020 年，形成适应发展需求、产教深度融合、中职高职衔接、职业教育与普通教育相互沟通，体现终身教育理念，具有中国特色、世界水平的现代职业教育体系。

——结构规模更加合理。总体保持中等职业学校和普通高中招生规模大体相当，高等职业教育规模占高等教育的一半以上，总体教育结构更加合理。到 2020 年，中等职业教育在校生达到 2350 万人，专科层次职业教育在校生达到 1480 万人，接受本科层次职业教育的学生达到一定规模。从业人员继续教育达到 3.5 亿人次。

——院校布局和专业设置更加适应经济社会需求。调整完善职业院校区域布局，科学合理设置专业，健全专业随产业发展动态调整的机制，重点提升面向现代农业、先进制造业、现代服务业、战略性新兴产业和社会管理、生态文明建设等领域的人才培养能力。

——职业院校办学水平普遍提高。各类专业的人才培养水平大幅提升，办学条件明显改善，实训设备配置水平与技术进步要求更加适应，现代信息技术广泛应用。专兼结合的"双师型"教师队伍建设进展显著。建成一批世界一流的职业院校和骨干专业，形成具有国际竞争力的人才培养高地。

——发展环境更加优化。现代职业教育制度基本建立，政策法规更加健全，相关标准更加科学规范，监管机制更加完善。引导和鼓励社会力量参与的政策更加健全。全社会人才观念显著改善，支持和参与职业教育的氛围更加浓厚。

二、加快构建现代职业教育体系

（四）巩固提高中等职业教育发展水平。各地要统筹做好中等职业学校和普通高中招生工作，落实好职普招生大体相当的要求，加快普及高中阶段教育。鼓励优质学校通过兼并、托管、合作办学等形式，整合办学资源，优化中等职业教育布局结构。推进县级职教中心等中等职业学校与城市院校、科研机构对口合作，实施学历教育、技术推广、扶贫开发、劳动力转移培训和社会生活教育。在保障学生技术技能培养质量的基础上，加强文化基础教育，实现就业有能力、升学有基础。有条件的普通高中要适当增加职业技术教育内容。

（五）创新发展高等职业教育。专科高等职业院校要密切产学研合作，培养服务区域发展的技术技能人才，重点服务企业特别是中小微企业的技术研发和产品升级，加强社区教育和终身学习服务。探索发展本科层次职业教育。建立以职业需求为导向、以实践能力培养为重点、以产学结合为途径的专业学位研究生培养模式。研究建立符合职业教育特点的学位制度。原则上中等职业学校不升格为或并入高等职业院校，专科高等职业院校不升格为或并入本科高等学校，形成定位清晰、科学合理的职业教育层次结构。

（六）引导普通本科高等学校转型发展。采取试点推动、示范引领等方式，引导一批普通本科高等学校向应用技术类型高等学校转型，重点举办本科职业教育。独立学院转设为独立设置高等学校时，鼓励其定位为应用技术类型高等学校。建立高等学校分类体系，实行分类管理，加快建立分类设置、评价、指导、拨款制度。招生、投入等政策措施向应用技术类型高等学校倾斜。

（七）完善职业教育人才多样化成长渠道。健全"文化素质＋职业技能"、单独招生、综合评价招生和技能拔尖人才免试等考试招生办法，为学生接受不同层次高等职业教育提供多种机会。在学前教育、护理、健康服务、社区服务等领域，健全对初中毕业生实行中高职贯通培养的考试招生办法。适度提高专科高等职业院校招收中等职业学校毕业生的比例、本科高等学校招收职业院校毕业生的比例。逐步扩大高等职业院校招收有实践经历人员的比例。建立学分积累与转换制度，推进学习成果互认衔接。

（八）积极发展多种形式的继续教育。建立有利于全体劳动者接受职业教育和培训的灵活学习制度，服务全民学习、终身学习，推进学习型社会建设。面向未升学初高中毕业生、残疾人、失业人员等群体广泛开展职业教育和培训。推进农民继续教育工程，加强涉农专业、课程和教材建设，创新农学结合模式。推动一批县（市、区）在农村职业教育和成人教育改革发展方面发挥示范作用。利用职业院校资源广泛开展职工教育培训。重视培养军地两用人才。退役士兵接受职业教育和培训，按照国家有关规定享受优待。

三、激发职业教育办学活力

（九）引导支持社会力量兴办职业教育。创新民办职业教育办学模式，积极支持各类办学主体通过独资、合资、合作等多种形式举办民办职业教育；探索发展股份制、混合所有制职业院校，允许以资本、知识、技术、管理等要素参与办学并享有相应权利。探索公办和社会力量举办的职业院校相互委托管理和购买服务的机制。引导社会力量参与教学过程，共同开发课程和教材等教育资源。社会力量举办的职业院校与公办职业院校具有同等法律地位，依法享受相关教育、财税、土地、金融等政策。健全政府补贴、购买服务、助学贷款、基金奖励、捐资激励等制度，鼓励社会力量参与职业教育办学、管理和评价。

（十）健全企业参与制度。研究制定促进校企合作办学有关法规和激励政策，深化产教融合，鼓励行业和企业举办或参与举办职业教育，发挥企业重要办学主体作用。规模以上企业要有机构或人员组织实施职工教育培训、对接职业院校，设立学生实习和教师实践岗位。企业因接受实习生所实际发生的与取得收入有关的、合理的支出，按现行税收法律规定在计算应纳税所得额时扣除。多种形式支持企业建设兼具生产与教学功能的公共实训基地。对举办职业院校的企业，其办学符合职业教育发展规划要求的，各地可通过政府购买服务等方式给予支持。对职业院校自办的、以服务学生实习实训为主要目的的企业或经营活动，按照国家有关规定享受税收等优惠。支持企业通过校企合作共同培养培训人才，不断提升企业价值。企业开展职业教育的情况纳入企业社会责任报告。

（十一）加强行业指导、评价和服务。加强行业指导能力建设，分类制定行业指导政策。通过授权委托、购买服务等方式，把适宜行业组织承担的职责交给行业组织，给予政策支持并强化服务监管。行业组织要履行好发布行业人才需求、推进校企合作、参与指导教育教学、开展质量评价等职责，建立行业人力资源需求预测和就业状况定期发布制度。

（十二）完善现代职业学校制度。扩大职业院校在专业设置和调整、人事管理、教师评聘、收入分配等方面的办学自主权。职业院校要依法制定体现职业教育特色的章程和制度，完善治理结构，提升治理能力。建立学校、行业、企业、社区等共同参与的学校理事会或董事会。制定校长任职资格标准，推进校长聘任制改革和公开选拔试点。坚持和完善中等职业学校校长负责制、公办高等职业院校党委领导下的校长负责制。建立企业经营管理和技术人员与学校领导、骨干教师相互兼职制度。完善体现职业院校办学和管理特点的绩效考核内部分配机制。

（十三）鼓励多元主体组建职业教育集团。研究制定院校、行业、企业、科研机构、社会组织等共同组建职业教育集团的支持政策，发挥职业教育集团在促进教育链和产业链有机融合中的重要作用。鼓励中央企业和行业龙头企业牵头组建职业教育集团。探索组建覆盖全产业链的职业教育集团。健全联席会、董事会、理事会等治理结构和决策机制。开展多元投资主体依法共建职业教育集团的改革试点。

（十四）强化职业教育的技术技能积累作用。制定多方参与的支持政策，推动政府、学校、行业、企业联动，促进技术技能的积累与创新。推动职业院校与行业企业共建技术工艺和产品开发中心、实验实训平台、技能大师工作室等，成为国家技术技能积累与创新的重要载体。职业院校教师和学生拥有知识产权的技术开发、产品设计等成果，可依法依规在企业作价入股。

四、提高人才培养质量

（十五）推进人才培养模式创新。坚持校企合作、工学结合，强化教学、学习、实训相融合的教育教学活动。推行项目教学、案例教学、工作过程导向教学等教学模式。加大实习实训在教学中的比重，创新顶岗实习形式，强化以育人为目标的实习实训考核评价。健全学生实习责任保险制度。积极推进学历证书和职业资格证书"双证书"制度。开展校企联合招生、联合培养的现代学徒制试点，完善支持政策，推进校企一体化育人。开展职业技能竞赛。

（十六）建立健全课程衔接体系。适应经济发展、产业升级和技术进步需要，建立专业教学标准和职业标准联动开发机制。推进专业设置、专业课程内容与职业标准相衔接，推进中等和高等职业教育培养目标、专业设置、教学过程等方面的衔接，形成对接紧密、特色鲜明、动态调整的职业教育课程体系。全面实施素质教育，科学合理设置课程，将职业道德、人文素养教育贯穿培养全过程。

（十七）建设"双师型"教师队伍。完善教师资格标准，实施教师专业标准。健全教师专业技术职务（职称）评聘办法，探索在职业学校设置正高级教师职务（职称）。加强校长培训，实行五年一周期的教师全员培训制度。落实教师企业实践制度。政府要支持学校按照有关规定自主聘请兼职教师。完善企业工程技术人员、高技能人才到职业院校担任专兼职教师的相关政策，兼职教师任教情况应作为其业绩考核评价的重要内容。加强职业技术师范院校建设。推进高水平学校和大中型企业共建"双师型"教师培养培训基地。地方政府要比照普通高中和高等学校，根据职业教育特点核定公办职业院校教职工编制。加强职业教育科研教研队伍建设，提高科研能力和教学研究水平。

（十八）提高信息化水平。构建利用信息化手段扩大优质教育资源覆盖面的有效机制，推进职业教育资源跨区域、跨行业共建共享，逐步实现所有专业的优质数字教育资源全覆盖。支持与专业课程配套的虚拟仿真实训系统开发与应用。推广教学过程与生产过程实时互动的远程教学。加快信息化管理平台建设，加强现代信息技术应用能力培训，将现代信息技术应用能力作为教师评聘考核的重要依据。

（十九）加强国际交流与合作。完善中外合作机制，支持职业院校引进国（境）外高水平专家和优质教育资源，鼓励中外职业院校教师互派、学生互换。实施中外职业院校合作办学项目，探索和规范职业院校到国（境）外办学。推动与中国企业和产品"走出去"相配套的职业教育发展模式，注重培养符合中国企业海外生产经营需求的本土化人才。积极参与制定职业教育国际标准，开发与国际先进标准对接的专业标准和课程体系。提升全国职业院校技能大赛国际影响。

五、提升发展保障水平

（二十）完善经费稳定投入机制。各级人民政府要建立与办学规模和培养要求相适应的财政投入制度，地方人民政府要依法制定并落实职业院校生均经费标准或公用经费标准，改善职业院校基本办学条件。地方教育附加费用于职业教育的比例不低于30%。加大地方人民政府经费统筹力度，发挥好企业职工教育培训经费以及就业经费、扶贫和移民安置资金等各类资金在职业培训中的作用，提高资金使用效益。县级以上人民政府要建立职业教育经费绩效评价制度、审计监督公告制度、预决算公开制度。

（二十一）健全社会力量投入的激励政策。鼓励社会力量捐资、出资兴办职业教育，拓宽办学筹资渠道。通过公益性社会团体或者县级以上人民政府及其部门向职业院校进行捐赠的，其捐赠按照现行税收法律规定在税前扣除。完善财政贴息贷款等政策，健全民办职业院校融资机制。企业要依法履行职工教育培训和足额提取教育培训经费的责任，一般企业按照职工工资总额的 1.5% 足额提取教育培训经费，从业人员技能要求高、实训耗材多、培训任务重、经济效益较好的企业可按 2.5% 提取，其中用于一线职工教育培训的比例不低于60%。除国务院财政、税务主管部门另有规定外，企业发生的职工教育经费支出，不超过工资薪金总额 2.5% 的部分，准予扣除；超过部分，准予在以后纳税年度结转扣除。对不按规定提取和使用教育培训经费并拒不改正的企业，由县级以上地方人民政府依法收取企业应当承担的职业教育经费，统筹用于本地区的职业教育。探索利用国（境）外资金发展职业教育的途径和机制。

（二十二）加强基础能力建设。分类制定中等职业学校、高等职业院校办学标准，到2020 年实现基本达标。在整合现有项目的基础上实施现代职业教育质量提升计划，推动各地建立完善以促进改革和提高绩效为导向的高等职业院校生均拨款制度，引导高等职业院校深化办学机制和教育教学改革；重点支持中等职业学校改善基本办学条件，开发优质教学资源，提高教师素质；推动建立发达地区和欠发达地区中等职业教育合作办学工作机制。继续实施中等职业教育基础能力建设项目。支持一批本科高等学校转型发展为应用技术类型高等学校。地方人民政府、相关行业部门和大型企业要切实加强所办职业院校基础能力建设，支持一批职业院校争创国际先进水平。

（二十三）完善资助政策体系。进一步健全公平公正、多元投入、规范高效的职业教育国家资助政策。逐步建立职业院校助学金覆盖面和补助标准动态调整机制，加大对农林水地矿油核等专业学生的助学力度。有计划地支持集中连片特殊困难地区内限制开发和禁止开发区初中毕业生到省（区、市）内外经济较发达地区接受职业教育。完善面向农民、农村转移劳动力、在职职工、失业人员、残疾人、退役士兵等接受职业教育和培训的资助补贴政策，积极推行以直补个人为主的支付办法。有关部门和职业院校要切实加强资金管理，严查"双重学籍"、"虚假学籍"等问题，确保资助资金有效使用。

（二十四）加大对农村和贫困地区职业教育支持力度。服务国家粮食安全保障体系建设，积极发展现代农业职业教育，建立公益性农民培养培训制度，大力培养新型职业农民。在人口集中和产业发展需要的贫困地区建好一批中等职业学校。国家制定奖补政策，支持东部地区职业院校扩大面向中西部地区的招生规模，深化专业建设、课程开发、资源共享、学校管理等合作。加强民族地区职业教育，改善民族地区职业院校办学条件，继续办好内地西藏、新疆中职班，建设一批民族文化传承创新示范专业点。

（二十五）健全就业和用人的保障政策。认真执行就业准入制度，对从事涉及公共安全、人身健康、生命财产安全等特殊工种的劳动者，必须从取得相应学历证书或职业培训合格证书并获得相应职业资格证书的人员中录用。支持在符合条件的职业院校设立职业技能鉴定所（站），完善职业院校合格毕业生取得相应职业资格证书的办法。各级人民政府要创造平等就业环境，消除城乡、行业、身份、性别等一切影响平等就业的制度障碍和就业歧视；党政机关和企事业单位招用人员不得歧视职业院校毕业生。结合深化收入分配制度改革，促进企业提高技能人才收入水平。鼓励企业建立高技能人才技能职务津贴和特殊岗位津贴制度。

六、加强组织领导

（二十六）落实政府职责。完善分级管理、地方为主、政府统筹、社会参与的管理体制。国务院相关部门要有效运用总体规划、政策引导等手段以及税收金融、财政转移支付等杠杆，加强对职业教育发展的统筹协调和分类指导；地方政府要切实承担主要责任，结合本地实际推进职业教育改革发展，探索解决职业教育发展的难点问题。要加快政府职能转变，减少部门职责交叉和分散，减少对学校教育教学具体事务的干预。充分发挥职业教育工作部门联席会议制度的作用，形成工作合力。

（二十七）强化督导评估。教育督导部门要完善督导评估办法，加强对政府及有关部门履行发展职业教育职责的督导；要落实督导报告公布制度，将督导报告作为对被督导单位及其主要负责人考核奖惩的重要依据。完善职业教育质量评价制度，定期开展职业院校办学水平和专业教学情况评估，实施职业教育质量年度报告制度。注重发挥行业、用人单位作用，积极支持第三方机构开展评估。

（二十八）营造良好环境。推动加快修订职业教育法。按照国家有关规定，研究完善职业教育先进单位和先进个人表彰奖励制度。落实好职业教育科研和教学成果奖励制度，用优秀成果引领职业教育改革创新。研究设立职业教育活动周。大力宣传高素质劳动者和技术技能人才的先进事迹和重要贡献，引导全社会确立尊重劳动、尊重知识、尊重技术、尊重创新的观念，促进形成"崇尚一技之长、不唯学历凭能力"的社会氛围，提高职业教育社会影响力和吸引力。

国务院
2014 年 5 月 2 日

（本文有删减）

政策文件 2

教育部关于开展现代学徒制试点工作的意见
教职成〔2014〕9号

各省、自治区、直辖市教育厅（教委），各计划单列市教育局，新疆生产建设兵团教育局，有关单位：

　　为贯彻党的十八届三中全会和全国职业教育工作会议精神，深化产教融合、校企合作，进一步完善校企合作育人机制，创新技术技能人才培养模式，根据《国务院关于加快发展现代职业教育的决定》（国发〔2014〕19号）要求，现就开展现代学徒制试点工作提出如下意见。

一、充分认识试点工作的重要意义

　　现代学徒制有利于促进行业、企业参与职业教育人才培养全过程，实现专业设置与产业需求对接，课程内容与职业标准对接，教学过程与生产过程对接，毕业证书与职业资格证书对接，职业教育与终身学习对接，提高人才培养质量和针对性。建立现代学徒制是职业教育主动服务当前经济社会发展要求，推动职业教育体系和劳动就业体系互动发展，打通和拓宽技术技能人才培养和成长通道，推进现代职业教育体系建设的战略选择；是深化产教融合、校企合作，推进工学结合、知行合一的有效途径；是全面实施素质教育，把提高职业技能和培养职业精神高度融合，培养学生社会责任感、创新精神、实践能力的重要举措。各地要高度重视现代学徒制试点工作，加大支持力度，大胆探索实践，着力构建现代学徒制培养体系，全面提升技术技能人才的培养能力和水平。

二、明确试点工作的总要求

　　1. 指导思想
　　以邓小平理论、"三个代表"重要思想、科学发展观为指导，坚持服务发展、就业导向，以推进产教融合、适应需求、提高质量为目标，以创新招生制度、管理制度和人才培养模式为突破口，以形成校企分工合作、协同育人、共同发展的长效机制为着力点，以注重整体谋划、增强政策协调、鼓励基层首创为手段，通过试点、总结、完善、推广，形成具有中国特色的现代学徒制度。

2. 工作原则

——坚持政府统筹，协调推进。要充分发挥政府统筹协调作用，根据地方经济社会发展需求系统规划现代学徒制试点工作。把立德树人、促进人的全面发展作为试点工作的根本任务，统筹利用好政府、行业、企业、学校、科研机构等方面的资源，协调好教育、人社、财政、发改等相关部门的关系，形成合力，共同研究解决试点工作中遇到的困难和问题。

——坚持合作共赢，职责共担。要坚持校企双主体育人、学校教师和企业师傅双导师教学，明确学徒的企业员工和职业院校学生双重身份，签好学生与企业、学校与企业两个合同，形成学校和企业联合招生、联合培养、一体化育人的长效机制，切实提高生产、服务一线劳动者的综合素质和人才培养的针对性，解决好合作企业招工难问题。

——坚持因地制宜，分类指导。要根据不同地区行业、企业特点和人才培养要求，在招生与招工、学习与工作、教学与实践、学历证书与职业资格证书获取、资源建设与共享等方面因地制宜，积极探索切合实际的实现形式，形成特色。

——坚持系统设计，重点突破。要明确试点工作的目标和重点，系统设计人才培养方案、教学管理、考试评价、学生教育管理、招生与招工，以及师资配备、保障措施等工作。以服务发展为宗旨，以促进就业为导向，深化体制机制改革，统筹发挥好政府和市场的作用，力争在关键环节和重点领域取得突破。

三、把握试点工作内涵

1. 积极推进招生与招工一体化

招生与招工一体化是开展现代学徒制试点工作的基础。各地要积极开展"招生即招工、入校即入厂、校企联合培养"的现代学徒制试点，加强对中等和高等职业教育招生工作的统筹协调，扩大试点院校的招生自主权，推动试点院校根据合作企业需求，与合作企业共同研制招生与招工方案，扩大招生范围，改革考核方式、内容和录取办法，并将试点院校的相关招生计划纳入学校年度招生计划进行统一管理。

2. 深化工学结合人才培养模式改革

工学结合人才培养模式改革是现代学徒制试点的核心内容。各地要选择适合开展现代学徒制培养的专业，引导职业院校与合作企业根据技术技能人才成长规律和工作岗位的实际需要，共同研制人才培养方案、开发课程和教材、设计实施教学、组织考核评价、开展教学研究等。校企应签订合作协议，职业院校承担系统的专业知识学习和技能训练；企业通过师傅带徒形式，依据培养方案进行岗位技能训练，真正实现校企一体化育人。

3．加强专兼结合师资队伍建设

校企共建师资队伍是现代学徒制试点工作的重要任务。现代学徒制的教学任务必须由学校教师和企业师傅共同承担，形成双导师制。各地要促进校企双方密切合作，打破现有教师编制和用工制度的束缚，探索建立教师流动编制或设立兼职教师岗位，加大学校与企业之间人员互聘共用、双向挂职锻炼、横向联合技术研发和专业建设的力度。合作企业要选拔优秀高技能人才担任师傅，明确师傅的责任和待遇，师傅承担的教学任务应纳入考核，并可享受带徒津贴。试点院校要将指导教师的企业实践和技术服务纳入教师考核并作为晋升专业技术职务的重要依据。

4．形成与现代学徒制相适应的教学管理与运行机制

科学合理的教学管理与运行机制是现代学徒制试点工作的重要保障。各地要切实推动试点院校与合作企业根据现代学徒制的特点，共同建立教学运行与质量监控体系，共同加强过程管理。指导合作企业制定专门的学徒管理办法，保证学徒基本权益；根据教学需要，合理安排学徒岗位，分配工作任务。试点院校要根据学徒培养工学交替的特点，实行弹性学制或学分制，创新和完善教学管理与运行机制，探索全日制学历教育的多种实现形式。试点院校和合作企业共同实施考核评价，将学徒岗位工作任务完成情况纳入考核范围。

四、稳步推进试点工作

1．逐步增加试点规模

将根据各地产业发展情况、办学条件、保障措施和试点意愿等，选择一批有条件、基础好的地市、行业、骨干企业和职业院校作为教育部首批试点单位。在总结试点经验的基础上，逐步扩大实施现代学徒制的范围和规模，使现代学徒制成为校企合作培养技术技能人才的重要途径。逐步建立起政府引导、行业参与、社会支持，企业和职业院校双主体育人的中国特色现代学徒制。

2．逐步丰富培养形式

现代学徒制试点应根据不同生源特点和专业特色，因材施教，探索不同的培养形式。试点初期，各地应引导中等职业学校根据企业需求，充分利用国家注册入学政策，针对不同生源，分别制定培养方案，开展中职层次现代学徒制试点。引导高等职业院校利用自主招生、单独招生等政策，针对应届高中毕业生、中职毕业生和同等学力企业职工等不同生源特点，分类开展专科学历层次不同形式的现代学徒制试点。

3．逐步扩大试点范围

现代学徒制包括学历教育和非学历教育。各地应结合自身实际，可以从非学历教育入手，也可以从学历教育入手，探索现代学徒制人才培养规律，积累经验后逐步扩大。鼓励试点院校采用现代学徒制形式与合作企业联合开展企业员工岗前培训和转岗培训。

五、完善工作保障机制

1. 合理规划区域试点工作

各地教育行政部门要根据本意见精神，结合地方实际，会同人社、财政、发改等部门，制定本地区现代学徒制试点实施办法，确定开展现代学徒制试点的行业企业和职业院校，明确试点规模、试点层次和实施步骤。

2. 加强试点工作组织保障

各地要加强对试点工作的领导，落实责任制，建立跨部门的试点工作领导小组，定期会商和解决有关试点工作重大问题。要有专人负责，及时协调有关部门支持试点工作。引导和鼓励行业、企业与试点院校通过组建职教集团等形式，整合资源，为现代学徒制试点搭建平台。

3. 加大试点工作政策支持

各地教育行政部门要推动政府出台扶持政策，加大投入力度，通过财政资助、政府购买等奖励措施，引导企业和职业院校积极开展现代学徒制试点。并按照国家有关规定，保障学生权益，保证合理报酬，落实学徒的责任保险、工伤保险，确保学生安全。大力推进"双证融通"，对经过考核达到要求的毕业生，发放相应的学历证书和职业资格证书。

4. 加强试点工作监督检查

加强对试点工作的监控，建立试点工作年报年检制度。各试点单位应及时总结试点工作经验，扩大宣传，年报年检内容作为下一年度单招核准和布点的依据。对于试点工作不力或造成不良影响的，将暂停试点资格。

教育部

2014 年 8 月 25 日

政策文件 3

关于开展现代学徒制试点工作的通知
教职成司函〔2015〕2 号

各省、自治区、直辖市教育厅（教委）、各计划单列市教育局、新疆生产建设兵团教育局，有关单位：

根据《教育部关于开展现代学徒制试点工作的意见》（教职成〔2014〕9 号）有关要求，经研究，决定遴选一批有条件、基础好的地市、行业、企业和职业院校开展现代学徒制试点工作。请有意向的单位按要求认真填写申报书，并于 2015 年 1 月 30 日前报我司。申报材料要求一式 2 份（附电子版光盘），地级市、职业院校和企业的申报材料由各省、自治区、直辖市教育厅（教委）统一组织报送，行业申报材料可直接报送。

联系人及电话：李红东、白汉刚，010-66096809。

电子信箱：jchzc@moe.edu.cn。

地址：北京市西城区西单大木仓胡同 35 号，邮编 100816。

附件：1. 现代学徒制试点工作实施方案 . doc

2. 现代学徒制试点项目申报书（地级市、院校、企业版）. doc

3. 现代学徒制试点项目申报书（行业版）. doc

教育部职业教育与成人教育司

2015 年 1 月 5 日

现代学徒制试点工作实施方案

为贯彻落实全国职业教育工作会议精神和《国务院关于加快发展现代职业教育的决定》，切实做好现代学徒制试点工作，根据《教育部关于开展现代学徒制试点工作的意见》（教职成〔2014〕9号）有关要求，特制定本方案。

一、试点目标

探索建立校企联合招生、联合培养、一体化育人的长效机制，完善学徒培养的教学文件、管理制度及相关标准，推进专兼结合、校企互聘互用的"双师型"师资队伍建设，建立健全现代学徒制的支持政策，逐步建立起政府引导、行业参与、社会支持，企业和职业院校双主体育人的中国特色现代学徒制。

二、试点内容

（一）探索校企协同育人机制。完善学徒培养管理机制，明确校企双方职责、分工，推进校企紧密合作、协同育人。完善校企联合招生、分段育人、多方参与评价的双主体育人机制。探索人才培养成本分担机制，统筹利用好校内实训场所、公共实训中心和企业实习岗位等教学资源，形成企业与职业院校联合开展现代学徒制的长效机制。

（二）推进招生招工一体化。完善职业院校招生录取和企业用工一体化的招生招工制度，推进校企共同研制、实施招生招工方案。根据不同生源特点，实行多种招生考试办法，为接受不同层次职业教育的学徒提供机会。规范职业院校招生录取和企业用工程序，明确学徒的企业员工和职业院校学生双重身份，按照双向选择原则，学徒、学校和企业签订三方协议，对于年满16周岁未达到18周岁的学徒，须由学徒、监护人、学校和企业四方签订协议，明确各方权益及学徒在岗培养的具体岗位、教学内容、权益保障等。

（三）完善人才培养制度和标准。按照"合作共赢、职责共担"原则，校企共同设计人才培养方案，共同制订专业教学标准、课程标准、岗位标准、企业师傅标准、质量监控标准及相应实施方案。校企共同建设基于工作内容的专业课程和基于典型工作过程的专业课程体系，开发基于岗位工作内容、融入国家职业资格标准的专业教学内容和教材。

（四）建设校企互聘共用的师资队伍。完善双导师制，建立健全双导师的选拔、培养、考核、激励制度，形成校企互聘共用的管理机制。明确双导师职责和待遇，合作企业要选拔优秀高技能人才担任师傅，明确师傅的责任和待遇，师傅承担的教学任务应纳入考核，并可享受相应带徒津贴。试点院校要将指导教师的企业实践和技术服务纳入教师考核并作为晋升专业技术职务的重要依据。建立灵活的人才流动机制，校企双方共同制订双向挂职锻炼、横向联合技术研发、专业建设的激励制度和考核奖惩制度。

（五）建立体现现代学徒制特点的管理制度。建立健全与现代学徒制相适应的教学管理制度，制订学分制管理办法和弹性学制管理办法。创新考核评价与督查制度，制订以育人为目标的实习实训考核评价标准，建立多方参与的考核评价机制。建立定期检查、反馈等形式的教学质量监控机制。制订学徒管理办法，保障学徒权益，根据教学需要，科学安排学徒岗位、分配工作任务，保证学徒合理报酬。落实学徒的责任保险、工伤保险，确保人身安全。

三、试点单位

现代学徒制试点采取自愿申报原则。申报试点的单位应是有一定工作基础、愿意先行先试的地级市、行业、企业及职业院校。

（一）以地级市为申报单位进行试点。地级市作为试点单位，统筹辖区内职业院校和企业，立足辖区内职业教育资源和企业资源，合理确定试点专业和学生规模，开展现代学徒制试点工作，重点探索地方实施现代学徒制的支持政策和保障措施。

（二）以行业系统为申报单位进行试点。行业作为试点单位，统筹行业内职业院校和企业，选择行业职业教育重点专业，开展现代学徒制试点工作，重点任务是开发现代学徒制的各类标准。

（三）以职业院校为申报单位进行试点。职业院校作为试点单位，选择学校主干专业作为试点专业，联合有条件、有意愿的企业，共同开展现代学徒制试点，重点探索开展现代学徒制的人才培养模式和管理制度。

（四）以企业为申报单位进行试点。具有多年校企一体化育人经验的大型企业作为试点单位，联合职业院校，共同开展现代学徒制试点，重点探索企业参与现代学徒制的有效途径、运作方式和支持政策。

四、工作安排

现代学徒制试点单位按照自愿申报、专家评审、统一部署等程序确定，试点工作在省级教育行政部门的统筹协调下开展。

（一）项目申报。各申报单位须填写项目申报书，申报材料要求一式2份（附电子版光盘），并于2015年1月30日前报我司。地级市、职业院校和企业的申报材料由所在省、自治区、直辖市教育厅（教委）统一组织报送（企业申报材料由合作院校所在省、自治区、直辖市教育部门报送），行业申报材料可单独直接报送。

（二）评审遴选。我部将组织专家对申报方案进行评审、遴选，优先选择目标明确、方案完善、支持力度大、示范性强的申报单位，作为教育部现代学徒制首批试点单位。

（三）组织实施。经我部批准的试点单位，按照试点工作方案，制订详细的试点工作任务书，以专业学制为一个试点周期，开展各项试点工作。教育行政部门应做好对试点工作的统筹协调，确保试点工作的顺利开展。

（四）总结推广。试点期间，我部将组织专家对试点工作进行监督检查，并建立年度报告和周期总结相结合的评价方式。试点结束后，试点单位要做好试点总结。在总结各地经验基础上，我部将逐步扩大实施现代学徒制的范围和规模，使现代学徒制成为校企合作培养技术技能人才的重要途径。

五、保障措施

各地要加强对试点工作的组织领导，健全工作机制，完善政策措施，加强指导服务。

（一）加强组织领导。各地要加强对试点工作的领导，落实责任制，建立跨部门的试点工作领导小组，定期会商和解决有关试点工作重大问题。要有专人负责，及时协调有关部门支持试点工作。要制订试点工作的扶持政策，加强对招生工作的统筹协调，扩大试点院校的招生自主权；加大投入力度，通过财政资助、政府购买等措施，引导企业和职业院校积极开展现代学徒制试点。

（二）科学制订试点方案。各试点单位要深入调研、科学论证，发挥现代学徒制多元主体作用，把试点工作细化、具体化，形成具有可操作性的试点项目实施方案。实施方案要针对学徒制实施过程中的实际问题，着力创新体制机制，明确试点目标、试点措施、进度安排、配套政策、保障条件、责任主体、风险分析和应对措施、预期成果及推广价值等内容。

（三）加强科学研究工作。各试点单位要坚持边试点边研究，及时总结提炼，把试点工作中的好做法和好经验上升成为理论，形成推动现代学徒制发展的政策措施，促进理论与实践同步发展。积极开展国际比较研究，系统总结相关国家（地区）开展学徒制的经验，完善中国特色的现代学徒制运行机制、办学模式、管理体制和条件保障等。

政策文件 4

教育部办公厅关于公布首批现代学徒制试点单位的通知

教职成厅函〔2015〕29号

各省、自治区、直辖市教育厅（教委），新疆生产建设兵团教育局，有关单位：

根据《教育部关于开展现代学徒制试点工作的意见》（教职成〔2014〕9号）要求，我部组织各地开展了现代学徒制试点申报工作。经专家评议，决定遴选165家单位作为首批现代学徒制试点单位和行业试点牵头单位（以下简称"试点单位"），现予以公布，并就有关事项通知如下：

1. 制订工作任务书。各试点单位要结合实际，制订试点工作任务书，明确试点工作的重点建设内容、实施步骤、责任主体和保障措施等，确保试点工作顺利实施。试点工作任务书须报我部备案。各试点地区、职业院校、企业、地方行业的任务书由所在地省级教育行政部门统一报送，行业组织可直接报送。报送截止日期为2015年9月30日。

2. 加强科研工作。各试点单位要加强科学研究工作，坚持边试点边研究，及时总结提炼，把试点工作中的好做法和好经验上升为理论，促进理论与实践同步发展。有条件的试点单位要积极开展国际比较研究，系统总结相关国家（地区）开展学徒制的经验，完善中国特色的现代学徒制制度体系。

3. 做好宣传工作。各地要持续做好现代学徒制试点宣传工作，充分发挥主流媒体和网络、微信等新媒体作用，开展形式多样、内容丰富，多层次、全方位的宣传活动，将试点过程中的好做法、好经验和理论研究成果予以及时总结推广，营造有利于试点运作的良好社会氛围。

4. 强化组织领导。各省级教育行政部门要加强对工作试点的组织领导，特别是指导所辖地级市做好市级统筹，健全工作机制，落实责任，完善政策措施。要制订试点工作的扶持政策，加强对招生工作的统筹协调，扩大试点院校的招生自主权；加大投入力度，通过财政资助、政府购买等措施，引导企业和职业院校积极开展现代学徒制试点。试点期间，我部将组织开展现代学徒制政策解读及相关培训，定期组织专家对试点工作进行监督检查，并建立年度报告和周期总结相结合的评价方式。在总结经验基础上，将逐步扩大现代学徒制实施范围和规模，构建中国特色现代学徒制体系，使现代学徒制成为培养技术技能人才的重要途径。

联系人：尹玉杰、白汉刚

联系电话：010-66096809

地址：北京市西城区西单大木仓胡同 37 号

邮政编码：100816

附件：首批现代学徒制试点单位名单

教育部办公厅

2015 年 8 月 5 日

首批现代学徒制试点单位名单

一、试点地区（含计划单列市）（17 个）

吉林省吉林市

吉林省辽源市

江苏省无锡市

江苏省南通市

江苏省常州市科教城

浙江省杭州市

浙江省嘉兴市

浙江省湖州市

湖北省荆州市

湖南省长沙市

湖南省湘潭市

广东省佛山市

广东省中山市

广西壮族自治区柳州市

四川省成都市

陕西省咸阳市

青岛市

二、试点企业（8 家）

天津海鸥表业集团有限公司

天津渤海化工集团有限责任公司

招商局物流集团上海有限公司

海澜集团有限公司

江西省建材集团公司

济南二机床集团有限公司

郑州宇通客车股份有限公司

博世汽车部件（长沙）有限公司

三、试点高职院校（100所）

北京交通运输职业学院

北京电子科技职业学院

北京财贸职业学院

天津中德职业技术学院

天津电子信息职业技术学院

天津职业大学

河北建材职业技术学院

唐山工业职业技术学院

邢台职业技术学院

石家庄铁路职业技术学院

石家庄邮电职业技术学院

渤海理工职业学院

山西职业技术学院

山西工程职业技术学院

山西药科职业学院

内蒙古机电职业技术学院

内蒙古商贸职业学院

辽宁林业职业技术学院

辽宁职业学院

沈阳职业技术学院

大连装备制造职业技术学院

长春汽车工业高等专科学校

长春职业技术学院

哈尔滨职业技术学院

哈尔滨铁道职业技术学院

黑龙江农业工程职业学院

上海中侨职业技术学院

上海旅游高等专科学校

上海农林职业技术学院

江苏食品药品职业技术学院

无锡商业职业技术学院

南京工业职业技术学院

南通职业大学

江苏农林职业技术学院

南京信息职业技术学院

金华职业技术学院

温州职业技术学院

浙江机电职业技术学院

浙江商业职业技术学院

宁波职业技术学院

浙江建设职业技术学院

芜湖职业技术学院

安徽机电职业技术学院

安徽职业技术学院

福州职业技术学院

福建林业职业技术学院

福建生物工程职业技术学院

江西应用技术职业学院

江西航空职业技术学院

东营职业学院

滨州职业学院

山东商业职业技术学院

山东交通职业学院

山东科技职业学院

青岛职业技术学院

日照职业技术学院

河南工业职业技术学院

开封文化艺术职业学院

河南农业职业学院

漯河职业技术学院

商丘医学高等专科学校

黄冈职业技术学院

武汉铁路职业技术学院

武汉船舶职业技术学院

武汉职业技术学院

湖南石油化工职业技术学院

湖南工艺美术职业学院

长沙民政职业技术学院

长沙航空职业技术学院

清远职业技术学院

广东科学技术职业学院

广东工程职业技术学院

广东机电职业技术学院

广州铁路职业技术学院

广东邮电职业技术学院

广州番禺职业技术学院

广西职业技术学院

广西建设职业技术学院

广西交通职业技术学院

海南职业技术学院

三亚城市职业学院

重庆工业职业技术学院

重庆航天职业技术学院

重庆电子工程职业学院

四川交通职业技术学院

成都农业科技职业学院

四川邮电职业技术学院

贵州轻工职业技术学院

贵阳职业技术学院

昆明工业职业技术学院

云南国土资源职业学院

陕西交通职业技术学院

陕西工业职业技术学院

兰州资源环境职业技术学院

酒泉职业技术学院

青海畜牧兽医职业技术学院

宁夏职业技术学院

新疆轻工职业技术学院

新疆职业大学

新疆石河子职业技术学院

四、试点中职学校（27所）

北京市昌平职业学校

承德工业学校

呼和浩特市商贸旅游职业学校

沈阳市化工学校

长春市农业学校

大庆市蒙妮坦职业高级中学

上海电子工业学校

亳州中药科技学校

福建省福州旅游职业中专学校

江西省医药学校

德州交通职业中等专业学校

洛阳铁路信息工程学校

重庆工商学校

四川省达州中医学校

贵阳铁路工程学校

玉溪工业财贸学校

西藏日喀则市职业技术学校

陕西省电子工业学校

平凉理工中等专业学校

青海省工业职业技术学校

中卫市职业技术学校

新疆工业经济学校

第一师阿拉尔职业技术学校

宁波市鄞州区古林职业高级中学

宁波市北仑职业高级中学

厦门工商旅游学校

深圳市第一职业技术学校

五、行业试点牵头单位（13家）

机械工业教育发展中心

有色金属工业人才中心

中国煤炭教育协会

中国建筑材料联合会

中国汽车工程学会

中国物流与采购联合会

国家康复辅具研究中心

中民民政职业能力建设中心

中国艺术科技研究所

山西省煤炭工业厅

山西省旅游局

广东省旅游协会

南宁市焊接协会

政策文件 5

广西壮族自治区教育厅关于公布自治区首批现代学徒制试点单位的通知
桂教职成〔2018〕27号

各市教育局，各有关高等学校，区直各中等职业学校：

为贯彻党的十九大精神，落实《国务院关于加快发展现代职业教育的决定》（国发〔2014〕19号）、《国务院办公厅关于深化产教融合的若干意见》（国办发〔2017〕95号）、《教育部关于开展现代学徒制试点工作的意见》（教职成〔2014〕9号）、《教育部2018年工作要点》（教政法〔2018〕1号）的要求，2018年，我厅组织各市、各职业院校开展了自治区首批现代学徒制试点申报工作。经专家评议，决定遴选32家单位作为自治区首批现代学徒制试点单位，现予以公布，并就有关事项通知如下：

一、制订工作任务书

各试点单位要结合实际，制订试点工作任务书，明确试点工作的重点建设内容、实施步骤、责任主体和保障措施等，确保试点工作顺利实施。请各试点单位于2018年7月15日前将试点工作任务书的电子版材料和盖章扫描件一并打包发送到我厅指定邮箱进行备案。

二、加强科研工作

各试点单位要加强科学研究工作，坚持边试点、边研究，及时总结提炼，把试点工作中的好做法和好经验上升为理论，促进理论与实践同步发展。有条件的试点单位要积极开展国际比较研究，系统总结相关国家（地区）开展学徒制的经验，完善中国特色的现代学徒制制度体系。

三、做好宣传工作

各试点单位要持续做好现代学徒制试点宣传工作，充分发挥主流媒体和网络、微信等新媒体作用，开展形式多样、内容丰富、多层次、全方位的宣传活动，将试点过程中的好做法、好经验和理论研究成果予以及时总结推广，营造有利于试点运作的良好社会氛围。

四、强化组织领导

各试点单位要加强组织领导，做好工作统筹，健全工作机制，落实责任，完善政策措施。要制订试点工作的扶持政策，加强对招生工作的统筹协调，加大投入力度，通过财政资助、政府购买等措施，引导企业和职业院校积极开展现代学徒制试点。试点期间，我厅将组织开展现代学徒制政策解读及相关培训，定期组织专家对试点工作进行监督检查，使现代学徒制成为培养技术技能人才的重要途径。

未尽事宜请与我厅职业教育与成人教育处联系，联系人及电话：郭进磊，0771—5815580。邮箱：gxzcc001@163.com。

附件：自治区首批现代学徒制试点单位

广西壮族自治区教育厅

2018 年 6 月 15 日

广西壮族自治区首批现代学徒制试点单位

序号	批次	试点单位	单位类型
1	第一批	柳州市	城市试点
2	第一批	广西职业技术学院	高职院校
3	第一批	广西建设职业技术学院	高职院校
4	第一批	广西交通职业技术学院	高职院校
5	第一批	广西电力职业技术学院	高职院校
6	第一批	广西工商职业技术学院	高职院校
7	第一批	广西工业职业技术学院	高职院校
8	第一批	广西经贸职业技术学院	高职院校
9	第一批	南宁职业技术学院	高职院校
10	第一批	广西金融职业技术学院	高职院校
11	第一批	柳州城市职业学院	高职院校
12	第一批	广西国际商务职业技术学院	高职院校
13	第一批	广西农业职业技术学院	高职院校
14	第一批	广西水利电力职业技术学院	高职院校
15	第一批	广西理工职业技术学院	高职院校
16	第一批	广西理工职业技术学校	中职学校
17	第一批	广西机电工程学校	中职学校
18	第一批	广西梧州农业学校	中职学校
19	第一批	广西交通运输学校	中职学校
20	第一批	广西工业技师学院	中职学校
21	第一批	广西梧州商贸学校	中职学校

序号	批次	试点单位	单位类型
22	第一批	广西工商学校	中职学校
23	第一批	南宁市第一职业技术学校	中职学校
24	第一批	广西玉林农业学校	中职学校
25	第一批	贵港市职业教育中心	中职学校
26	第一批	梧州市第二职业中等专业学校	中职学校
27	第一批	北部湾职业技术学校	中职学校
28	第一批	北海市中等职业技术学校	中职学校
29	第一批	河池市职业教育中心学校	中职学校
30	第一批	柳州市第二职业技术学校	中职学校
31	第一批	南宁市第六职业技术学校	中职学校
32	第一批	南宁市焊接协会	行业协会

与本书关联的学术成果

课题研究：

1．2017 年度全国教育科学"十三五"规划 2017 年度单位资助教育部规划课题《后扩招时代建筑类高职院校工匠人才培养策略创新研究》（编号：FJB170657）

2．2014 年度广西高等教育教学改革工程立项项目《高职院校家具专业课程创新教学法研究——以家具专业赴企业开展实践教学项目为例》（2014JGB335）

3．2016 年度广西职业教育教学改革重点项目《校企联合招生、联合培养的现代学徒制研究与实践》（编号：GXGZJG2016A017）

4．2017 年度广西职业教育教学改革研究项目《基于现代学徒制工匠人才培养的课程体系研究与实践探索》（编号：GXGZJG2017B130）

5．2019 年度广西教育科学"十三五"规划重点课题《广西职业教育现代学徒制人才培养模式研究》（编号：2019B110）

论文发表：

1．《现代学徒制在家具设计专业中的实践与探索——以广西建设职业技术学院为例》发表于《职业技术教育》

2．《基于"协同创新，产学结合"工匠人才培养体系的家具专业现代学徒制试点研究与实践》发表于《职业技术教育》

3．《新生代农民工职业技能培训模式创新研究——以家具生产行业现代学徒制为视角》发表于《职业技术教育》

4．《高职〈家具造型设计〉课程信息化教学设计研究》发表于《教育现代化》

5．《高职院校家具设计专业学徒人才培养模式研究》发表于《戏剧之家》

6．《家具设计专业的现代学徒制实践与探索》发表于《戏剧之家》

7．《广西职业教育现代学徒制人才培养模式研究》发表于《创新创业理论研究与实践》

成果获奖：

1．《基于现代学徒制的"协同创新，产学结合"家具专业工匠人才培养的研究与实践》荣获广西壮族自治区级教学成果奖

2．《装配式全屋定制家具设计》荣获全国职业院校信息化教学大赛奖项